Eduard Jaeger

Ergebnisse der Untersuchung mit dem Augenspiegel

Unter besonderer Berücksichtigung ihres Wertes für die allgemeine Pathologie

Eduard Jaeger

Ergebnisse der Untersuchung mit dem Augenspiegel
Unter besonderer Berücksichtigung ihres Wertes für die allgemeine Pathologie

ISBN/EAN: 9783743467620

Hergestellt in Europa, USA, Kanada, Australien, Japan

Cover: Foto ©berggeist007 / pixelio.de

Weitere Bücher finden Sie auf **www.hansebooks.com**

ERGEBNISSE DER UNTERSUCHUNG

MIT DEM

AUGENSPIEGEL

UNTER

BESONDERER BERÜCKSICHTIGUNG IHRES WERTHES FÜR DIE ALLGEMEINE PATHOLOGIE.

EIN VORTRAG,

GEHALTEN IN DER MATHEMATISCH-NATURWISSENSCHAFTLICHEN KLASSE DER K. K. AKADEMIE DER WISSENSCHAFTEN ZU WIEN, AM 18. NOVEMBER 1875

VON

EDUARD JAEGER.

WIEN.

DRUCK UND VERLAG VON L. W. SEIDEL & SOHN.

1876.

(Diese Abhandlung wurde im Anfange des Jahres 1875 ge-
schrieben, gelangte jedoch durch unliebsame Zufälligkeiten
erst am 18. November 1875 zum Vortrage.)

Inhalts-Verzeichniss.

Hochgeehrte Versammlung!

Am 27. April dieses Jahres waren es 21 Jahre, dass ich zum ersten Male die Gelegenheit hatte, der gelehrten Versammlung einige meiner Beobachtungen mitzutheilen, die ich mit dem Augenspiegel [1] gemacht hatte.

Es war dies zu einer Zeit, wo der Augenspiegel noch geringe Verbreitung unter den Fachgenossen erlangt, und der volle Werth dieser genialen Erfindung Helmholtz's sich erst durch die Erfolge auf dem neuerschlossenen Felde des Augeninneren zu bethätigen hatte.

Gleich von der ersten Zeit an hatte ich mich der Beobachtung mit diesem Instrumente und der hiedurch neu angeregten Erforschung des Auges auf physikalischem wie anatomischem Wege mit grosser Vorliebe, Ausdauer und nicht ohne Glück hingegeben. So hatte ich schon in jener frühen Zeitperiode unter Anderem die Arterienpulsation vor Allem bei dem glaucomatösen Processe [2], die Verlangsamung der Blutbewegung, den Eintritt der Stase und das Wiederaufleben der Circulation [3] in den Gefässen der Netzhaut beobachtet, Chorioidealtuberkel, das glaucomotöse Sehnervenleiden, die typische Pigmentbildung im Augengrunde, (welcher Prof. Donders späterhin den Namen retinitis pigmentosa beilegte), den Conus bei Staphyloma posticum (von Prof. v. Graefe späterhin sclerotico chorioideitis ge-

---

[1] Ergebnisse der Untersuchung des menschlichen Auges mit dem Augenspiegel. Sitzungsberichte der mathem.-naturw. Classe der kais. Academie der Wissenschaften 1855. Bd. XV pag. 319.

[2] Ueber die sichtlichen Blutbewegungen im menschlichen Auge. Med. Wochenschrift. Wien, 21. Jänner 1854.

[3] Ueber Staar und Staaroperation. Wien 1854.

nannt) gesehen und abgebildet, die characteristischen Erscheinungen
der Netzhautreizung und verschiedene Arten von Netzhaut- und
Chorioidealentzündungen beschrieben und bildlich dargestellt [1]), sowie
in meinem zweiten Vortrage am 16. November 1854 der hochge-
ehrten Versammlung meine Beobachtungen und Ansichten über an-
geborene Sehnervenexcavationen, Excavation bei glaucomatösem Sehnervenleiden und bei Sehnervenatrophie, über den Unterschied des angeborenen und pathologischen Staphyloma posticum, sowie über
Retinitis bei Diabetes melitus und Morbus Brightii mitgetheilt.

Da auch andere Fachgenossen den Augenspiegel mit nicht
minder günstigem Erfolge verwertheten, so war es wohl natürlich,
dass man in dieser ersteren Zeitperiode dem Instrumente vielseitig
einen bedeutenden praktischen Werth beilegte und von demselben
eine wesentliche Bereicherung, ja einen neuen epochemachenden Auf-
schwung der Augenheilkunde erwartete. Wie es jedoch sich bei jeder
neuen Entdeckung, bei jedem wirklichen Fortschritte auf wissen-
schaftlichem Gebiete sowohl, wie im praktischen Leben ergibt, so hatte
auch der Augenspiegel vielfach Ungläubige und Gegner zu zählen,
welche jeden einzelnen Erfolg desselben bezweifelten oder leugneten,
ja privatim wie in öffentlichen Vorträgen das Publicum vor der
Anwendung dieses Instrumentes warnten.

Auch meine Veröffentlichungen von Spiegelbefunden fanden unter
den Fachgenossen und gerade von solchen, welchen man vor Allem
eine richtige Würdigung der Sache hätte zutrauen soller, vielseitig
eine mehr als unfreundliche Beurtheilung.

Ich berücksichtigte solche Urtheile nicht weiterhin, da ich
glaubte, meine Zeit besser als zu einer unfruchtbaren Polemik verwerthen zu können. Die Verschiedenheit in den Ansichten und in der
Forschungsart, die mich von vielen meiner Fachgenossen schied,
musste nothwendigerweise zu abweichenden Auffassungen und Dar-
stellungen führen. Die Richtigstellung derselben kann jedoch nicht

---

[1]) Ueber Staar und Staaroperation 1854; Ueber Retinitis. Med. Wochenschrift. Wien, 25. November 1854; Ueber Chorioidealtuberkel. Zeitschrift für
praktische Heilkunde. Wien 1855; Beiträge zur Pathologie des Auges. Wien.
1. u. 2. Lieferung 1855, 3. Lief. 1856; Ueber das Verhalten der Entzündungsröthe im Sehnerven bei Retinitis und Chorioideitis. Zeitschrift für praktische
Heilkunde. Wien 1856; Ueber Entzündung, Hyperaemie und Stase in der
Retina etc. Zeitschrift für praktische Heilkunde. Wien 1856 Nr. 12; Ueber
Staphyloma posticum. Oesterr. Zeitschrift für praktische Heilkunde. 1856.
Nr. 22 etc. etc.

auf kurzem Wege, sondern erst nach langer Zeit durch andauernde und vielseitige Beobachtungen erfolgen.

Dieser endgiltigen Entscheidung sehe ich umsomehr mit Zuversicht entgegen, da man mich bisher nicht vieler wesentlicher Irrthümer zeihen konnte und da im Gegentheile sehr viele meiner Beobachtungen und Ansichten, wenn auch mehrfach unter anderen Namen und abweichender Betonung, schon jetzt Anerkennung und Verbreitung gefunden haben.

Nachdem nun trotz des früher erwähnten vielseitigen Widerstandes der Augenspiegel sich seinerzeit rasch Bahn gebrochen, so dass er heutzutage sich in der Hand eines jeden Augenarztes befindet, und nachdem dermalen mehr als 24 Jahre verflossen sind, seitdem er zum erstenmale in Anwendung gebracht wurde, so dürfte es nicht ohne Interesse sein, seine Erfolge in dieser Zeitperiode zu überblicken, um zu erkennen, inwieweit er sich bewährt habe oder nicht.

Es wird wohl kaum ein Widerspruch zu erwarten sein, wenn man behauptet, dass der Augenspiegel eines der wichtigsten und verlässlichsten diagnostischen Hilfsmittel für den Augenarzt geworden sei, ein neues ebenso wichtiges wie ausgedehntes Gebiet der unmittelbaren Beobachtung erschlossen habe, sowie, dass die Augenheilkunde niemals in so kurzer Zeit einen so erheblichen Umschwung, eine so wesentliche Bereicherung durch neue, interessante und wichtige Ansichten und Thatsachen erfahren habe, wie mittelbar und unmittelbar durch denselben.

Wesentlich verschiedene Ansichten dürften sich dagegen in Beantwortung der Frage ergeben, ob dieses Instrument all' den Anforderungen und Erwartungen Genüge geleistet habe, welche es in der ersten Zeit vielseitig hervorgerufen hat.

Ueberblicke ich dasjenige, was heutzutage, insoweit es mir bekannt ist, eine allgemeine Giltigkeit erlangt hat, was überhaupt als fest begründet, als thatsächlich angesehen werden muss, so stehe ich nicht an, offen zu bekennen, dass ich mir von dieser Erfindung vom Anfang her einen bedeutend grösseren Erfolg in Bezug auf praktische Verwendung und wissenschaftliche Ausbeute erwartet habe, sowie, dass ich der Ansicht bin, ein solcher hätte auch wirklich erreicht werden können.

An diesem geringeren Erfolge dürfte vor Allem schuld sein, dass gleich vom Anfange an in der Verwendung des Augenspiegels ein Rückschritt gemacht wurde.

1*

Anstatt das Instrument, wie es aus H e l m h o l t z's kundiger Hand kam, d. i. das a u f r e c h t e Spiegelbild unter m ässiger Beleuchtungsintensität in den geeigneten Fällen zu verwerthen, war man vor Allem bestrebt, das Sehfeld und die Lichtstärke des Bildes zu vergrössern und benützte lange Zeit hindurch beinahe ausschliesslich das u m g e k e h r t e Spiegelbild oder höchstens das aufrechte Bild eines l i c h t s t a r k e n Spiegels.

Durch die allzustarke Beleuchtung steigerte man die Farbenpracht des Augengrundes, aber auch die Contrastwirkungen in Bezug auf Licht und Farbe der einzelnen Theile des Bildes, gleichwie die Spiegelungsphänomene; man störte den natürlichen Ausdruck und die Harmonie des Bildes, man blendete das eigene Auge und liess all' die vorhandenen Verschiedenheiten und Uebergänge in Licht und Farbe nicht zur vollen Geltung gelangen. Die genaue Unterscheidung und richtige Würdigung der Färbungen der einzelnen Gebilde im Augengrunde ist überhaupt nur unter Verwerthung der Helmholtz'schen Plangläser möglich.

Einen wirklichen Gewinn erzielte man durch die starke Beleuchtung nur in seltenen Fällen bei vorhandener leichter Trübung der Medien des Auges.

Einen relativ grösseren Erfolg erreichte man durch die Verkleinerung der Bildgrösse, überhaupt durch die Verwerthung des umgekehrten Spiegelbildes. Man gewann hiedurch wesentlich an Sehfeld, und überblickte einen bedeutend grösseren Theil des Augengrundes auf einmal; die Orientirung war sofort leichter und ein Uebersehen auffallender Erscheinungen, insbesondere bei der gegebenen Licht- und Farbenintensität weniger zu befürchten; auch konnten Solche, welche bei der Spiegeluntersuchung stets stark accomodiren oder überhaupt stark Kurzsichtige ihr Auge leichter oder allein nur für das umgekehrte Bild sicher einstellen. Nicht minder erschien Vielen die Erzielung des umgekehrten Bildes leichter und einfacher und die Verwerthung eines weniger umfangreichen, portativeren Instrumentes von grosser praktischer Bedeutung.

So unleugbar auch diese Vortheile des umgekehrten Bildes einerseits sind, so werden sie doch von den Nachtheilen desselben gegenüber dem aufrechten Bilde bei Weitem übertroffen.

Vor Allem gab man die 8- bis 14malige Vergrösserung des Objectes beim aufrechten Bilde im hypermetropischen und emmetropischen Auge, die sich beim myopischen auf eine 20-, 30- selbst

40fache und darüber steigert, auf, und begnügte sich bei dem umgekehrten Bilde mit einer 2- bis höchstens 5maligen Vergrösserung.

Man büsste dadurch das Erkennen der Einzelheiten im Bilde ein, das Erfassen aller jener zarteren Gewebstheile und deren Veränderungen, welche eben nur bei einer stärkeren Vergrösserung sichtbar sind; andererseits erschwerte man sich in unverhältnissmässig bedeutender Weise die Unterscheidung und Schätzung der Grössenverhältnisse u. z. in Bezug sowohl auf Flächenausbreitung, wie insbesondere auf die naturgemäss viel schwieriger zu erfassenden Tiefendimensionen bei allen jenen Gebilden und Erscheinungen, die sowohl im aufrechten, als auch noch im umgekehrten Bilde zu sehen sind.

Man hinderte dadurch geradezu jene scharfe Beobachtung und jene präzisen Angaben, welche zu einer eingeheuderen Beurtheilung physiologischer wie pathologischer Vorgänge absolut nothwendig sind.

Eine genaue Schätzung der Grössenverhältnisse und eine richtige Würdigung der einzelnen Theile und Erscheinungen im Augengrunde sowie der gegenseitigen Verhältnisse derselben ist überhaupt nur auf Grundlage einer genauen Bestimmung der jeweilig gegebenen Bildgrösse möglich, da von dieser nicht nur die Durchmesser und Abstände der einzelnen Theile im Bilde, sowie deren Färbung und Erhellung, sondern auch die Summe der gleichzeitig im Sehfelde sichtbaren Einzelheiten abhängt.

Diese Schätzung der Bildgrösse, je nachdem man ein mehr oder weniger stark hypermetropisches oder myopisches oder aber ein emmetropisches Auge untersucht, ist ungleich leichter und sicherer im aufrechten als im umgekehrten Spiegelbilde, da die entsprechend unterschiedlichen Grössenverhältnisse sich eben bei ersterem viel auffälliger ergeben, als bei letzterem, und diese Schätzung viel leichter im aufrechten Bilde controlirt wird.

Im gleichen Maasse ist eine genaue Bestimmung der gegebenen Unterschiede und Abweichungen an den einzelnen Theilen und Erscheinungen im Augengrunde unter physiologischen wie pathologischen Verhältnissen bedeutend leichter und sicherer in dem erheblich grösserem aufrechten, als in dem kleineren umgekehrten Spiegelbilde.

Welchen Werth häufig die Angaben über Grössenverhältnisse, Färbung, Lichtstärke u. s. w. bei Verwerthung des umgekehrten Spiegelbildes haben, und wie leicht hiebei ein Irrthum stattfinden kann, ergibt sich schon daraus, dass so Manche in der Bestimmung dieser Verhältnisse äusserst genau, ja minutiös vorgehen, gleichzeitig aber behaupten, dass die Schätzung der Bildgrösse überhaupt, des Abstandes in welchem das Spiegelbild von dem eigenen Auge erscheint, der Lichtstärke und Farbenintensität des Bildes u. s. w. und hiedurch eine genaue Bestimmung der gegebenen dioptrischen Einstellung und accomotativen Veränderungen des untersuchten Auges äusserst schwierig, wenn nicht unmöglich sei.

Man constatirt sonach mit voller Sicherheit die Zu- oder Abnahme eines Gefässes um $^1/_4$ oder $^1/_2$ Querdurchmesser etc., behauptet aber den Unterschied im Gefässdurchmesser von einer 8fachen auf eine 14-, 20-, 30fache und stärkere Vergrösserung nicht genau erfassen zu können.

In gleicher Weise erklärt sich häufig bei Verwerthung des umgekehrten Bildes der angeblich pathologische Befund eines blassen oder stark gerötheten Sehnerven, einer Anaemie oder Hyperaemie der Netzhautgefässe, einer Gefässarmuth oder eines auffallenden Gefässreichthumes im Augengrunde u. s. w. ganz einfach durch die vermehrte oder verminderte Bildgrösse, d. i. durch eine derselben vollkommen entsprechende helle oder dunklere Färbung der Sehnerven, durch eine grössere oder geringere Breite der Centralgefässe, oder eine grössere oder geringere Zahl gleichzeitig im Sehfelde sichtbarer Chorioideal- oder Netzhautgefässe u. s. w.

Da eine genaue Schätzung der Bildgrösse im umgekehrten Bilde sehr schwer, ja für Viele unmöglich ist, so vernachlässigt man dieselbe leicht gänzlich und lässt sich verleiten, die durch die Bildgrösse hervorgerufenen Differenzen für den Ausdruck pathologischer Verhältnisse anzusehen.

Ein weiterer erheblicher Nachtheil des umgekehrten Spiegelbildes besteht darin, dass sich in demselben die sphärische und chromatische Abweichung in so hohem Grade geltend macht, und dass das Sehfeld auffallend ungleich erhellt wird.

Es werden hiedurch häufig solch widernatürliche Form-, Grössen-, Lage- und Farbverhältnisse im Bilde, besonders in dessen peripherischen Theilen, ja eine solche Verzerrung des ganzen Bildes hervorgerufen, dass eine richtige Beurtheilung der gegebenen Verhältnisse häufig mehr als blos erschwert wird, auch der Geübteste sich nicht vor Täuschungen zu bewahren vermag, und man oft bei

Vergleichung des aufrechten und umgekehrten Bildes desselben Auges kaum irgend eine Aehnlichkeit zu finden vermag.

So manche individuelle Auffassung und Darstellung irgend einer Erscheinung, so manche von Einzelnen vertretene oder mehr allgemein verbreitete Ansicht über verschiedene Vorgänge, die so häufig sich ergebenden Differenzen zwischen den verschiedenen Spiegelbildern und beigefügten Beschreibungen, sowie gegenüber dem anatomischen Befunden u. s. w. sind allein veranlasst durch diese Fehlerquellen des umgekehrten Spiegelbildes.

Will man daher einerseits nicht die Vortheile des umgekehrten Bildes entbehren, anderseits aber eine eingehende und verlässliche Untersuchung vornehmen, so muss man, je nach den gegebenen Verhältnissen und der gestellten Aufgabe, b e i d e Spiegelbilder verwerthen u. z. das umgekehrte Bild zur Gewinnung einer allgemeinen Uebersicht, sowie bei stark Kurzsichtigen; das aufrechte aber für das Studium der Einzelverhältnisse.

Eine andere wesentliche Ursache des relativ geringeren Erfolges des Augenspiegels liegt in der geringen Sorgfalt und Ausdauer, in der Oberflächlichkeit, der man sich so häufig bei der Untersuchung mit dem Spiegel, bei der Herstellung von Abbildungen und bei der Beschreibung derselben hingab. Beweis hiefür ist, dass in den meisten Spiegelbildern ganz auffallende, ja unglaubliche anatomische Fehler vorkommen.

Wie häufig wird von verschiedenen Fachmännern eine und dieselbe Abbildung in ganz abweichendem Sinne gedeutet; wie oft vermag selbst der Bewandertste mit bestem Willen nicht das zu erkennen, was der Zeichner dargestellt haben wollte! Wie selten findet man in den einzelnen Bildern jenen individuell characteristischen Ausdruck, welchen jedes Auge besitzt und aus welchem der geübte Beobachter erkennt, dass das Bild, abgesehen von der Richtigkeit der Zeichnung und des Colorites im Allgemeinen, irgend einem bestimmten lebenden Auge entnommen wurde; wie selten ist in den Abbildungen auch nur der Unterschied zwischen rechtem und linkem Auge ausgeprägt — und wo er zufällig mehr oder weniger deutlich hervortritt, wie oft stimmt er mit den beigefügten schriftlichen Angaben nicht überein!

Legt man Spiegelbilder nebeneinander, welche zufälligerweise von verschiedenen Fachmännern, aber unabhängig von einander, demselben Objecte und zu derselben Zeit entnommen wurden, so ist es oft absolut unmöglich sich vorzustellen, dass sie einen und denselben

Fall betreffen sollten. Vergleicht man endlich eine Abbildung mit ihrem Originale, wie selten findet man eine wirkliche Aehnlichkeit oder ist selbst nur der Nachweis zu erbringen, dass die Zeichnung dem betreffenden Objecte nachgebildet sei.

Man begnügt sich so häufig, am Lebenden blos die eine oder andere Erscheinung mehr oder weniger genau zu erfassen, und skizzirt sie sodann ganz flüchtig, ja blos aus dem Gedächtnisse, ohne dabei Rücksicht auf all dasjenige zu nehmen, was gleichzeitig vorhanden ist und ohne zu beachten, dass so manches, was dem Einen zur Zeit unwichtig erscheint, einem Anderen und zu einer anderen Zeit von wesentlicher Bedeutung sein kann.

Anstatt jede Einzelerscheinung, überhaupt all dasjenige, was mit Sicherheit zu erfassen ist, möglichst naturgetreu wiederzugeben, löst man irgend ein Symptom, welches dem Beobachter interessant, welches neu oder zur Unterstützung einer schon ausgesprochenen oder für die Entwicklung einer neuen Ansicht geeignet erscheint, aus seinen Verbindungen, aus seiner natürlichen Umgebung los und verwerthet dasselbe, mehr oder weniger idealisirt, unter Beigabe einer beliebigen Staffage oder in Verbindung mit Reminiscenzen von anderen bemerkenswerthen Fällen zur Herstellung schematischer Bilder, in welchen häufig nicht einmal dasjenige mit Bestimmheit zu erkennen ist, was der Autor darzustellen oder zu beweisen suchte!

Solche Bilder haben nur einen individuellen, einen zeitlichen Werth, u. z. so lange als die sie veranlassenden Ansichten und Erklärungsweisen Geltung haben. Mit dem Auftreten anderer Meinungen, neuer Erklärungen verschwinden naturgemäss solche Bilder spurlos, um sofort weiteren derartigen Illustrationen Platz zu machen.

Dass man auf solchem Wege, durch eine derartige Verwerthung der Einzelbeobachtungen kein dauerndes Materiale, keine sichere Grundlage für einen weiteren Aufbau liefert, dürfte Jedem klar sein, der sich in ernstlicher Weise der naturwissenschaftlichen Forschung hingibt.

In der Ueberzeugung, dass nicht jedem Fachgenossen ein gleich günstiges und zureichendes Beobachtungsmateriale zur Verfügung steht, nicht Jeder Zeit und Mühe in dem Masse, wie ich für die Herstellung von Spiegelbildern zu opfern geneigt sein dürfte, anderseits um die Gelegenheit zu geben, neue Fälle mit schon beobachteten zu vergleichen, die Darstellung der Letzteren zu rectificiren und zu ergänzen und hiedurch zur Bildung eines gemeinsamen möglichst verlässlichen Beobachtungs-Materiales beizutragen, auf welchen sich die verschiedensten Ansichten und Erklärungen aufbauen und erproben könnten — habe ich eine grössere Zahl meiner Bilder der Oeffentlichkeit übergeben.

Diese Veröffentlichung erfolgte in zweierlei Form: Erstens als Handatlas zum Selbstunterricht für den Anfänger, und zweitens unter Beibehaltung der normalen Bildgrösse (unter dem Titel: Beiträge zur Pathologie des Auges), um hiedurch strengeren Anforderungen für wissenschaftliche Zwecke, sowie den Bedürfnissen des öffentlichen Unterrichtes zu entsprechen.

Diese vorliegenden Bilder und deren Beschreibungen habe ich mit vieler Mühe und Ausdauer möglichst objectiv und genau herzustellen gesucht.

Ich habe Alles und Jedes, auch das Kleinste und scheinbar Unbedeutendste, was überhaupt meine Sinne zu erfassen vermochten, mit gleicher Sorgfalt und Correctheit wiederzugeben getrachtet, insbesondere war ich hiebei bestrebt, den Einfluss meiner persönlichen Ansichten über das Wesen und den Werth der gegebenen Erscheinungen und über die Art und Form der diesen Erscheinungen zu Grunde liegenden Vorgänge möglichst auszuschliessen.

Ich wollte eben mit dieser Wiedergabe von Augenspiegelbefunden weder speciell meinen Ansichten, noch solchen Anderer Ausdruck verleihen, sondern etwas möglichst Verlässliches und Dauerndes liefern — und Anspruch hierauf hat doch nur das der Natur selbst Entnommene u. z. insoweit es deren Sein und Leben zum wirklichen Ausdrucke bringt.

All die Ansichten, Theorien und Erklärungen, so interessant und geistreich sie auch sein mögen, welche durch eine willkürliche Deutung und Verbindung einzelner Naturerscheinungen hervorgerufen werden, hauchen letzteren nur ein künstliches Leben ein, das blos eine individuelle und vorübergehende Geltung besitzt.

Wer nicht in der Natur selbst und in einer getreuen Darstellung derselben sie und ihr Leben zu erkennen und hiedurch zu lernen vermag, wer nicht die Sprache der Natur selbst erfassen und verwerthen will, sondern hiezu erst einer künstlichen Beleuchtung, der Einimpfung eines künstlichen Lebens bedarf, dem werden meine Spiegelbefunde stets Bilder ohne Leben sein und bleiben — für diesen habe ich Zeit und Mühe nicht geopfert, für diesen wurden die Bilder nicht geschaffen.

Ich kenne die Fehler meiner Abbildungen, kenne die Unzulänglichkeit meiner Kräfte und bedaure sehr, dass bis nun nicht ein mehr Befähigter mindestens die gleiche Mühe und Ausdauer dieser Aufgabe gewidmet hat, insbesondere beklage ich, dass die chromolithographische Wiedergabe meiner Bilder in den letzten Jahren — gegenüber meinen ersten derartigen Veröffentlichungen in den Jahren 1854 und 1855 — nicht jenen Fortschritt (jedoch ohne mein persönliches Verschulden) beurkundet, welche der allgemeinen Entwicklung dieser Darstellungsweise in dieser Zeitperiode entspricht.

Nichts destoweniger sehe ich mit einiger Zuversicht dem Urtheile einer späteren Zeit entgegen. Wenn auch künftighin bessere Spiegelbilder an die Oeffentlichkeit gelangen, so werden meine Bilder hiedurch doch nicht unwahr werden; sie werden stets einen bestimmten Werth behalten, stets zu verwenden sein, welche Theorien und Systeme auch immer herrschen mögen. —

Welchen Werth nun immerhin die Untersuchungen mit dem Augenspiegel für die Augenheilkunde haben oder haben werden, so ist die Leistungssphäre dieses Instrumentes hiemit keineswegs abgegrenzt; dieselbe reicht im Gegentheile weithin über das Gebiet der Augenheilkunde in das der Medicin im Allgemeinen, und es dürfte dem Augenspiegel daselbst in nicht allzuferner Zeit Gelegenheit zur Erreichung seiner wichtigsten u. eingreifendsten Erfolge gegeben sein.

Schon in den ersten Jahren der Untersuchungen mit dem Augenspiegel hatte ich durch den Nachweis der Entwickelung mehr oder weniger characteristischer Formen von Netzhautaffectionen bei verschiedenen Allgemeinleiden, sowie des Auftretens von Tuberkel in der Chorioidea zu einer Zeit, in welcher die Tuberkulose in anderen Organen noch nicht zu erkennen war, späterhin durch den Nachweis des Auftretens von Hypermetropie und bläulicher Sehnervenentfärbung bei manchen Leiden des Centralnervensystems[1]) und durch mehrere andere Beobachtungen die Aufmerksamkeit der Collegen darauf hinzulenken gesucht, dass die Augenspiegelbefunde in vielen Fällen für den Mediciner von höchster Wichtigkeit sein können, da wiederholt Symptome eines Allgemeinleidens oder der Erkrankung eines wichtigen inneren Organes des menschlichen Körpers zuerst im Auge mit Sicherheit zu erfassen sind.

---

[1]) Ueber die Einstellungen des dioptrischen Apparates. Wien, 1861.

Die Hornhaut, die wässerige Feuchtigkeit, die Linse, der Glaskörper und die Netzhaut mit dem intraoculären Sehnervenende sind
die einzigen wesentlich durchsichtigen und daher dem Auge er-
schlossenen Theile des menschlichen Körpers während des Lebens;
auch die Chorioidea erlaubt in vielen Fällen einen tieferen Einblick
in ihre Structur als die meisten übrigen Gewebe.

Die Netzhautgefässe sind die einzigen Gefässe im menschlichen
Körper, welche wegen der Durchsichtigkeit ihrer Wandungen die Gelegenheit darbieten, den Durchmesser, die Farbe arterieller wie venöser
Blutsäulen, die Dichtigkeitsverhältnisse des Blutes und die in dieser
Beziehung auftretenden Veränderungen an denselben, sowie verschiedene Circulationserscheinungen unmittelbar und deutlich zu erfassen. Der Opticus und seine Netzhautausbreitung, ist bei seinem
so beträchtlichen Querdurchmesser, seiner so bedeutenden Flächenausdehnung und seinem so geringen Abstande vom Centralorgane, das
einzige nervöse Gebilde, welches schon während des Lebens dem Blicke
des Forschers direct blosgelegt ist. Beachtet man ferner, dass die
meisten krankhaften Vorgänge, welche sich überhaupt im menschlichen
Körper entwickeln, auch im Auge zum Ausdruck gelangen; dass
derartige Vorgänge, wenn sie in dem einen oder dem anderen wesentlichem Organe zum Ausbruch gekommen sind, häufig zuerst im Aug
mehr oder weniger charakteristische Erscheinungen hervorgerufen
hatten: so dürfte wohl für Jedermann die Hoffnung gerechtfertiget
erscheinen, durch genaue Beobachtungen im menschlichen Auge in
vieler Richtung eine tiefere Einsicht und eine vollständigere Auf-
klärung über physiologische sowohl wie pathologische Vorgänge zu
erlangen, — eine tiefere Einsicht, als durch die Erforschung anderer
Organe während des Lebens mittelst eines der übrigen Sinnesorgane
erlangt werden kann, deren keines so scharf und verlässlich ist, wie
das Auge, deren keines endlich durch physikalische Hilfsmittel der-
artig unterstützt werden kann.

Diese Erwägungen haben daher schon seit langer Zeit viele
der Collegen veranlasst, den Augenspiegel in dieser Beziehung zu
verwerthen. Leider ist den gehegten Hoffnungen bisher nur im
geringen Maasse Genüge geleistet, und nur wenig Verlässliches
und Allgemeingiltiges zu Tage befördert worden.

Meines Erachtens dürften an diesem ungenügenden Erfolge
dieselben Momente Schuld tragen, welche, wie früher erwähnt, die
Ergebnisse des Augenspiegels auf dem engeren Gebiete der Augen-

heilkunde beschränkten, andererseits aber die unter den Collegen noch nicht allseitig genug verbreitete Ueberzeugung von der hohen Wichtigkeit der Augenspiegeluntersuchungen für den Mediciner.

Meine nun durch zwei Jahrzehnte ununterbrochen fortgesetzten und mit manchen Opfern verbundenen Untersuchungen, haben mir in dieser Beziehung manche bisher bekannten Erscheinungen in abweichender Bedeutung und Gruppirung, aber auch neue Symptome und Krankheitsbilder gezeigt, neue Gesichtspunkte und Aufschlüsse ergeben, so dass ich keinen Anstand nehme es auszusprechen, dass ich dermalen die Ergebnisse der Augenspiegeluntersuchungen mit viel grösserem Interesse als Mediciner wie als Oculist verfolge.

Der grössere Theil dieser meiner Beobachtungen erscheint mir noch sehr vereinzelt und bedarf einer wiederholten Bestätigung, neuer sie verbindender Zwischenglieder, insbesondere der sie stützenden und erklärenden anatomischen Befunde; anderseits stehen diese meine Beobachtungen vielfach im auffallenden Gegensatze zu bisher allgemein anerkannten physiologischen und pathologischen Grundsätzen. Bei dem jedenfalls ungenügenden Materiale, welches bisher mir zu Gebote stand, und eingedenk der Möglichkeit, trotz alles Strebens nach Objectivität doch vielfach getäuscht zu werden, zögere ich noch, meine Beobachtungen und Ansichten in ihrer vollen Ausdehnung mitzutheilen.

Wenn ich demungeachtet mir erlaube, im Nachfolgenden auf einige dieser Befunde hinzuweisen, so geschieht dies allein in der Absicht, hiedurch neuerdings Anregung zu geben zu einer weiteren, gründlichen und allseitigen Verwerthung des Augenspiegels sowie um hiedurch zur Berichtigung oder Bestätigung dieser Beobachtungen und meiner Verwerthungsart derselben zu gelangen. —

Man hat schon in alter Zeit ausgesprochen, das Auge des Menschen sei ein Microcosmus in Macrocosmo, und oft behauptet, das Auge sei der Spiegel der Seele — und wahrlich, wer das Auge in seinen äusseren und insbesondere in seinen inneren Gebilden genau durchforscht, und den Ausdruck des Lebens dieses Organes unter physiologischen wie pathologischen Verhältnissen wiederholt beobachtet hat, der wird diesen Aussprüchen aus vollster Ueberzeugung beipflichten.

Das Auge, das zarteste und vollkommenst organisirte, das feinfühligste und am sichersten erfassende Sinnesorgan, erweist sich als das am meisten in sich abgeschlossene, selbstständige Gebilde des menschlichen Körpers, steht aber nichtsdestoweniger in innigster Verbindung und Wechselwirkung mit den wichtigsten übrigen Organen desselben.

Gleichwie der Bau des menschlichen Körpers im Allgemeinen eine ausserordentliche Gleichförmigkeit und dennoch in den Einzelnheiten eine so unendliche Verschiedenheit ausweist, dass wohl nie ein Mensch vollkommen gleich einem andern erscheint, — ebenso zeigt das menschliche Auge in seinen äusseren, vor allen aber in seinen inneren Theilen den Hauptformen nach eine auffallende Gleichartigkeit, und demungeachtet bei genauer Betrachtung solch allseitige zarte Abweichungen, dass nie ein Auge mit einem anderen identificirt werden kann.

Wie die ganze Erscheinung eines Menschen, besonders dessen Gesichtsbildung, als individuel characteristisch sich erweist, und dabei den Unterschied zwischen rechter und linker Körperhälfte hervortreten lässt, ebenso besitzt auch jedes Auge ein individuelles Gepräge, und markirt sich deutlich als rechtes oder linkes Auge.

Prägt sich oft im Allgemeinen unter Blutsverwandten eine mehr oder weniger grosse Aehnlichkeit, ein bestimmter Familienzug aus, so findet man am Auge ganz ähnliche Verhältnisse, und nicht selten sind Geschwister durch den Ausdruck der äusseren Theile und in noch viel höherem Masse durch solchen der inneren Gebilde des Auges zu erkennen, gleichwie häufig im Kindesauge der Bau des väterlichen oder mütterlichen Auges oder selbst gleichzeitig beider zu erkennen ist.

Verleihen verschiedene Lebensalter der Erscheinung des Menschen überhaupt ein bestimmtes Gepräge und zeigen einzelne Lebensperioden selbst einen characteristischen Bildungstypus, so schreitet auch am Auge die Zeit nicht spurlos vorüber. Wie unsymetrisch, unfertig, — characterlos möchte man es nennen — stellt sich das Auge eines Neugeborenen dem eines Erwachsenen gegenüber dar. Welche Klarheit und Helligkeit, welche Farbenpracht und Lebensfrische zeigt das normale Augeninnere eines 12 bis 18 Jahre alten Jünglings oder Mädchens.

Der Anblick des Inneren eines solchen Auges ist so freundlich, so anziehend und belebt, dass man sagen möchte, Jugend und Lebenskraft strahle von demselben aus. Und wie welk und trübe, farb- und glanzlos dagegen erscheint das Auge älterer Menschen; wie mächtig prägen sich die senilen Veränderungen im Greisen-Auge, die Zeichen seines Rückschrittes aus.

Darf man sich in manchen Fällen erlauben, aus der allgemeinen Erscheinung eines Menschen, aus dem Bau und Ausdrucke der einzelnen Körpertheile, insbesondere des Kopfes und Gesichtes, ein mehr oder weniger bestimmtes Urtheil über dessen Gesundheitszustand, dessen physische und geistige Befähigung und Thätigkeit zu fällen, so gewährt in dieser Beziehung eine genaue Durchforschung des Auges häufig einen nicht minder tiefen Einblick.

Wie in so vielen Fällen allein die objectiven mit unbewaffnetem Auge erfassbaren Erscheinungen genügen, um ein gründliches Urtheil über den physiologischen wie pathologischen Zustand des Auges, über die Art und Grösse der functionellen wie nutritiven Störungen in demselben zu fällen, — so geben nicht selten der Bau des Auges, die Entwicklungsart der einzelnen Theile und die vegetativen Verhältnisse desselben, insoweit sie mittelst des Augenspiegels zu erkennen sind, genügend Anhaltspunkte, um nicht nur mit einiger Sicherheit die Leistungsfähigkeit des Auges im Allgemeinen, dessen grössere oder geringere Befähigung für eine bestimmte Beschäftigung und die Art und Grösse seiner Thätigkeit zu beurtheilen, sondern auch unter gleichzeitiger Beachtung der grösseren oder geringeren Sicherheit und Raschheit im Erfassen und Verfolgen bestimmter Objecte und der sich hiebei ergebenden grösseren oder geringeren Stetigkeit oder Unruhe im äusseren Bewegungsapparate und der accommodativen Einstellung, auf den Gemüthszustand des Individiums selbst und dessen grössere oder geringere geistige Befähigung und Thätigkeit hinzuweisen.

In dieser Art und Weise gewinnt durch Uebung und Erfahrung das Beobachtungsfeld des Augenspiegels und der Werth der Ergebnisse desselben in Bezug auf die Augenheilkunde; aber noch bedeutend grösser ist der Gewinn für die Medicin im Allgemeinen, wenn man die einzelnen physiologischen wie pathologischen Vorgänge im Auge solchen im übrigen Körper gegenüberstellt, wenn man, wie so häufig, in den im Auge zu erfassenden Erscheinungen den Einfluss oder Ausdruck allgemeiner oder örtlicher Zustände und Vorgänge des übrigen Körpers erkennen muss.

Das Auge zeigt in mancher Beziehung eine gewisse Eigenartigkeit und Unabhängigkeit von den übrigen Organen des menschlichen Körpers, auch treten häufig die Erscheinungen des Lebens

vor Allem im Inneren des Auges in abweichender, fremdartiger
Weise hervor, gegenüber solchen in den übrigen Organen. Ob und
in wieweit derartige Verschiedenheiten nur scheinbar sind oder in äusseren Verhältnissen, in der relativ grösseren Isolirung des Organes, in
dessen specieller, functioneller Aufgabe und Leistung, insbesondere
in den dem Auge eigenthümlichen Druck- und Spannungsverhält-
nissen der einzelnen Theile begründet sind, ist bisher noch nicht
genügend erörtert und festgestellt.

Nichtsdestoweniger ist das Auge nur ein Theil des Gesammt-
organismus; es untersteht denselben allgemeinen Bedingungen,
Einflüssen, Gesetzen und deren Störungen, es kann in Bezug auf
Nutrition, Formation und selbst zum grösseren Theil in Bezug auf
Function keine andere Veränderung ausweisen, als die übrigen
Theile des Körpers. Jedes Gesetz des Lebens und die Art seiner
Störung, welche sich in dem e i n e n Organe des menschlichen Körpers
aussprechen, müssen auch mehr oder weniger in den ü b r i g e n
Organen, wenn auch in einem local veränderten Ausdrucke, zur
vollen Geltung kommen.

In dieser Hinsicht dürfte eben vor Allem das Auge wegen
der, wie früher erwähnt, erheblichen Durchsichtigkeit eines grossen
Theils seiner Gebilde, ferner wegen der Verschiedenheit und strengen
Trennung seiner Gewebe und der erheblichen Flächenausbreitung
Einzelner derselben, sowie endlich wegen der bedeutenden Vergrösserung, unter welcher die einzelnen Theile im Augengrunde
bei dem aufrechten Spiegelbilde in den meisten Fällen zur Ansicht
gebracht werden, ein geeignetes Feld für eingehende Forschungen
abgeben. Und wahrlich, in welchem Organe, auf welchen Beob-
achtungsfelde lassen sich während des Lebens verschiedene physiologische wie pathologische Vorgänge so leicht, sicher und eingehend
verfolgen, lassen sich so vielseitige Belege, ja directe Beweise für
die Richtigkeit oder Unhaltbarkeit mancher von Physiologen oder
Pathologen vertretenen Ansichten und Erklärungen liefern, als eben
im Auge.

So scheint vor Allem das Auge dazu geeignet, a u f d e n
U n t e r s c h i e d z w i s c h e n f u n c t i o n e l l e n u n d v e g e t a t i v e n,
d. i. n u t r i t i v e n w i e f o r m a t i v e n S t ö r u n g e n h i n z u w e i s e n;
f e r n e r d e n U n t e r s c h i e d z w i s c h e n R e i z u n g u n d E n t z ü n-
d u n g f e s t z u s t e l l e n u n d a u f d a s W e s e n d e r s e l b e n n ä h e r
e i n z u g e h e n; — nachzuweisen, dass R e i z u n g u n d E n t-

zündung nur allgemeine **Auftretensweisen** (Erscheinungsformen, Virchov) des Stoffwechsels seien, unter welchen physiologische sowohl, als insbesondere die verschiedensten pathologischen Vorgänge, u. z. sowohl progressiver wie regressiver Metamorphose sich darstellen; — dass aber andererseits nicht jeder pathologische Vorgang nur unter diesen Erscheinungsformen auftreten müsse, sondern dass im Gegentheile eine grosse Zahl functioneller wie vegetativer Störungen ohne die geringsten nachweisbaren Reiz- und Entzündungserscheinungen verläuft.

Es gibt daher insbesondere das Auge das Beobachtungsfeld ab, auf welchem der Unterschied zwischen der Erscheinungsgruppe der Reizung und Entzündung in gefässreichen wie gefässlosen Gebilden nachzuweisen und festzustellen ist; ferner, auf welchem diese Erscheinungsgruppen von solchen der verschiedenen functionellen wie vegetativen Störungen zu trennen, d. i. die Symptome der Auftretensweise und der Art (des Wesens) der Ernährungsstörung von einander zu scheiden sind.

In gleicher Weise ist in dem Auge vor Allem leicht und sicher nachzuweisen, dass, wie Virchov zuerst feststellte und wofür ich späterhin mehrfach neue Beweise lieferte, die einzelnen Ernährungsgebiete und sofort die Gebiete der Ernährungsstörungen mit Gefässgebieten zusammenfallen; und dass diese Ernährungsgebiete höherer Ordnung, entsprechend der Entwicklungsart und Verbreitung der verschiedenen Gefäss-Systeme und einzelnen Gefässe, in Ernährungsgebiete niederer Ordnung und in einzelne Ernährungsbezirke sich theilen — eine Reihenfolge, deren letztes Glied die Lebens- und Ernährungseinheiten, d. i. die Zellenbezirke bilden. —

Kaum ein anderes Organ des menschlichen Körpers zeigt so vielfache, streng gesonderte und anatomisch verschiedenartige Gefässgebiete, wie das Auge.

Verfolgt man diesen gegenüber mit unbefangenem Blicke die Entwicklung und den Ablauf verschiedener krankhafter Vorgänge, vor Allem entzündlicher Form, so ergibt sich deutlich und bestimmt, dass dieselben von ihrem Ausgangspunkte aus ihre Verbreitung und

Abgrenzung nicht innerhalb der einzelnen Organtheile, der einzelnen Gebilde und Gewebe, auch nicht innerhalb bestimmter Nervenbezirke, sondern vor Allem in dem Bereiche der betreffenden Gefässgebiete höherer und niederer Ordnung und in letzter Linie innerhalb der einzelnen Zellenbezirke finden, dass also der krankhafte Vorgang sich meist, wenn verschiedene und mehr weniger abgegrenzte Gebilde und Gewebe in ein und dasselbe Gefässgebiet (höherer oder niederer Ordnung) fallen, gleichzeitig über dieselben mehr oder weniger verbreitet; andererseits aber ergibt es sich, dass der krankhafte Vorgang, wenn ein und dasselbe Gebilde oder Gewebe verschiedene Gefässgebiete (höherer oder niederer Ordnung) besitzt, sich auch häufig auf die betreffenden Theile des Gebildes oder Gewebes beschränkt.

Weiters ergibt sich noch, dass in dem jeweiligen Gefässgebiete sich die Prozesse progressiver Metamorphose vor Allem vom Centrum des Gebietes aus in peripherer Richtung, dagegen die Prozesse der regressiven Metamorphose überwiegend von der Peripherie zum Centrum verbreiten.

In dieser Art und Weise ist das Studium pathologischer Vorgänge vor Allem dazu geeignet, um überhaupt die Trennung und Abgrenzung der einzelnen Ernährungsgebiete nachzuweisen und festzustellen, u. z. nicht blos in den gefässreichen, sondern insbesondere in den gefässlosen Gebilden und Geweben.

Aus solchen Beobachtungen ergibt sich nun in Betreff der gefässlosen Gebilde und Gewebe, dass deren bezügliche Ernährungsgebiete höherer oder niederer Ordnung in denselben Abhängigkeitsverhältnissen zu bestimmten, näher oder ferner gelegenen Gefässgebieten stehen, wie solche in gefässreichen Organen, ferner dass auch unter sich verschiedene und mehr oder weniger von einander abgegränzte gefässlose Gebilde oder Gewebe in ein und dasselbe Ernährungsgebiet, d. i. in den Bereich ein und desselben Gefässgebietes fallen können; andererseits, dass auch ein und dasselbe gefässlose Gebilde oder Gewebe verschiedene Ernährungsgebiete, verschiedenen Gefässgebieten entsprechend, ausweisen kann.

Betrachtet man das menschliche Auge und die in demselben vorkommenden physiologischen wie pathologischen Vorgänge, so zeigt sich, dass man theils mit unbewaffnetem Auge theils mit dem Augenspiegel an und in demselben v i e r verschiedene Ernährungsgebiete höherer Ordnung ihrer grösseren Ausdehnung nach zu überblicken, ja zu durchsehen vermag, u. z.:

1. Das Ernährungsgebiet der Conjunctivalgefässe, welches die Conjunctiva tarsi, die Uebergangsfalte, die Conjunctiva Bulbi, die Epithelschichte und die oberflächlichste Schichte der Cornea (Stratum Bowmani) umfasst.

2. Das der Chorioidealgefässe, welches in 2 Ernährungs-gebiete niederer (zweiter) Ordnung zerfällt[1]): a) in das der hinteren Chorioidealgefässe, welches den hinteren Abschnitt der Choridea bis zur Ora serrata Retinae, den im Chorioidealkanale liegenden Antheil des Sehnerven, den aequatoriellen und hinteren Theil der Sclerotica (mit Ausschluss des den Scleroticalgefässen zu-fallenden Antheils), den grösseren Theil des Glaskörpers und die hintere Linsenhemisphäre umschliesst; b) in das der vorderen Choriiodealgefässe, welches das Corpus ciliare und die Iris, die an das Corpus ciliare sich anschliessende Partie des Glaskörpers und der Sclerotica, die mittleren und tieferen Corneaschichten mit der Membrana Descemeti, die vordere und hintere Kammer mit dem sogenannten Petitschen Canale und die vordere Hemisphäre des Linsensystems sammt seinen Spannungsfibrillen (dem Aufhänge-bande) umfasst.

3. Das Ernährungsgebiet des Scleroticalgefässkranzes, welches die den Sehnerven umgebende Partie der Sclerotica sammt der Lamina cribrosa, den im Scleroticalcanale liegenden Antheil des Sehnerven und den vor dem Sehnervenquerschnitte gelagerten Theil des Glaskörpers einbezieht, und endlich

4. das Gebiet der Central- (Retina-) Gefässe, welches die Netzhaut mit dem in ihrer Fläche gelegenen Antheile des Sehnerven (den Sehnervenscheitel) umschliesst.

Der Sehnerv in seinem weiteren Verlaufe in der Orbita besitzt ein eigenes extraoculäres Ernährungsgebiet.

---

[1]) Schon mein Grossvater Beer, welcher zuerst eine gründliche Ansicht über den Entwicklungsherd und die Verbreitungsart entzündlicher Vorgänge in den inneren Gebilden des Auges gewonnen hatte, war durch seine Beob-achtungen am Krankenbette veranlasst (G. J. Beer, Lehre von den Augen-krankheiten, Wien, 1813, B. 1. pag. 267—268) die innere Augapfel-entzündung (ophthalmitis interna) einzutheilen in eine eigenthümliche innere Augapfelentzündung (ophthalmitis interna vera), bei welcher der Focus der Entzündung in der Chorioidea, Retina und dem Glaskörper liege, und in eine Regenbogenhautentzündung (iritis), welche ihren Focus in der Regenbogenhaut, dem Ciliarkörper und Linsensysteme habe.

Diese verschiedenen Ernährungsgebiete sind zum grossen Theile, am vollständigsten das der Retina, mehr oder weniger streng von einander geschieden, bilden andererseits, wo dieselben Gewebe in verschiedene Gefässgebiete fallen, an ihren Berührungsflächen kleinere oder grössere gemeinschaftliche, gleichsam streitige Zonen, und greifen nur an einzelnen Stellen, wie insbesondere in der Linse, im Glaskörper und im Scleroticalcanale, tief in einander über. Diese Ernährungsgebiete zerfallen weiterhin in eine grössere Zahl von Gebieten und Bezirken niederer Ordnung, deren nähere Erörterung ich mir jedoch für eine spätere Veröffentlichung vorbehalte.

Diese bisher erwähnten Momente und Verhältnisse üben auf die Beurtheilung, Eintheilung und Darstellung verschiedener krankhafter Vorgänge im Auge einen sehr wesentlichen Einfluss aus, wie ich durch die nachfolgenden Beispiele ausführlicher darlegen will.

Verfolgt man z. B. die Entwickelung und Verbreitung des glaucomatösen Processes, so ergibt sich, wie ich schon in meiner Schrift: „Ueber die Einstellung des dioptrischen Apparates etc." ausgesprochen und im Verlaufe von weiteren 14 Jahren stets bestätigt gefunden habe, dass dieser pathologische Vorgang nur selten in dem Chorioideal- und Scleroticalgebiete gleichzeitig auftritt, sondern in der grösseren Zahl der Fälle sich entweder in dem einen oder in dem anderen dieser Gebiete entwickelt, durch kürzere oder längere Zeit auf dasselbe beschränkt bleibt, und erst hiernach in das andere Gebiet übergeht.

Am häufigsten scheint sich der glaucomatöse Process zuerst im Scleroticalgebiete zu entwickeln, und auf dieses nicht selten durch Jahre hindurch beschränkt zu bleiben; in anderen Fällen dagegen verbreitet er sich schon nach Monaten, selbst Wochen auf das Chorioidealgebiet.

Tritt der glaucomatöse Vorgang zuerst im Chorioidealgebiete auf, so entwickelt er sich vom hinteren, häufiger vom vorderen Chorioidealgebiete aus, verbreitet sich rasch über das gesammte Choriodialgebiet, und geht gemeiniglich schon nach Monaten oder nach Wochen, ja selbst nach wenigen Tagen auf das Scleroticalgebiet über.

Weiterhin ergibt sich, dass der glaucomatöse Process sich theils unter mehr oder weniger deutlich ausgesprochenen, selbst

2*

äusserst heftigen, andauernden oder periodenweise hervortretenden Reiz- und Entzündungserscheinungen entwickelt, oder aber durch Monate, ja selbst durch Jahre stetig, ohne die geringsten nachweisbaren Reiz- und Entzündungserscheinungen verläuft.

Im Scleroticalgebiete entwickeln sich die Reiz- und Entzündungserscheinungen gemeiniglich in geringerer Intensität und Dauer und mangeln nicht selten gänzlich; im Chorioidealgebiete dagegen, vor Allem im vorderen, treten sie häufig sehr rasch und mit grosser Intensität und Dauer auf, und fehlen nur in seltenen Fällen gänzlich.

Dieser Unterschied dürfte in der geringeren Mächtigkeit der Scleroticalgefässe gegenüber der mächtigen Entwicklung und erheblichen Ausdehnung des Chorioidealgefässsystemes begründet sein.

Die raschere oder langsamere Entwicklung und Verbreitung des glaucomatösen Vorganges steht im Allgemeinen im Verhältnisse zur Intensität und Andauer der gegebenen Reiz- und Entzündungserscheinungen. Daher entwickelt sich im Scleroticalgebiete der glaucomatöse Process gemeiniglich in mehr .chronischer Weise, im Chorioidealgebiete dagegen mehr acut.

Will man diesem zu Folge den glaucomotösen Vorgang seiner Entwicklungs- und Verbreitungsart nach durch bestimmte Ausdrücke charakterisiren, so sollte man meines Erachtens, je nach den gegebenen Verhältnissen, von einem mehr oder weniger a c u t oder c h r o n i s c h verlaufenden, mehr oder weniger e n t z ü n d l i c h e n oder n i c h t e n t z ü n d l i c h e n glaucomatösen C h o r i o i d e a l l e i d e n oder glaucomatösen S c l e r o t i c a l l e i d e n sprechen; andererseits aber den Ausdruck: a c u t e s oder c h r o n i s c h e s, e n t z ü n d l i c h e s oder n i c h t e n t z ü n d l i c h e s G l a u c o m nur dann gebrauchen, wenn der glaucomatöse Process sich vom Anfang her oder in einer späteren Periode gleichzeitig im Sclerotical- wie im Chorioidealgebiete manifestirt.

Mit dem Ausdrucke a c u t e s oder c h r o n i s c h e s Glaucom kann man den Unterschied, je nachdem der glaucomatöse Vorgang im Chorioideal- oder im Scleroticalgebiete auftritt, nicht bezeichnen, da eben in jedem dieser Ernährungsgebiete der glaucomatöse Process sowohl acut wie chronisch verläuft. Ebensowenig vermag man auf diesen Unterschied hinzuweisen mit der Bezeichnung: G l a u c o m a s i m p l e x und G l a u c o m a c u m o p h t h a l m i a (entzündliches Glaucom), indem der glaucomatöse Vorgang sich in jedem der be-

sagten Ernährungsgebiete theils ohne, theils unter Entzündungserscheinungen entwickelt.

Richtiger ist die Gräfe'sche Unterscheidung zwischen primä-
rem und secundärem Glaucome, wenn man unter ersterem
das Auftreten des glaucomatösen Vorganges in einem absolut oder
relativ gesunden Auge versteht, andererseits aber unter secundärem
Glaucom die Entwicklung dieses Processes in einem schon durch
kürzere oder längere Zeit erkrankten Auge — wobei der glaucoma-
matöse Process entweder als einfache Complication mit der schon
früher bestandenen Krankheit, oder letztere als der Ausgangspunkt
für das glaucomatöse Leiden erscheint.

Ueber das Wesen des glaucomatösen Vorganges, d. i. die Art
der demselben zu Grunde liegenden Ernährungsstörung, sind bis jetzt
noch keine haltbaren Ansichten und ebenso wenig genügende patho-
logisch-anatomische Befunde an die Oeffentlichkeit gelangt.

In einer Vermehrung des intraoculären Druckes kann das
Wesen dieses Processes nicht bestehen, da einerseits wiederholt verschiedene krankhafte Vorgänge im Auge beobachtet werden, bei
welchen durch kürzere oder längere Zeit ein sehr erheblich über die
Norm gesteigerter intraoculärer Druck, ja selbst ein höherer als
gemeiniglich bei dem glaucomatösen Vorgange vorhanden ist, ohne
dass der glaucomatöse Process sich manifestirt; andererseits aber
nicht selten der glaucomatöse Vorgang ohne die geringste nachweisbare Druckvermehrung, ja selbst bei auffallend geringer Spannung
des Bulbus sich entwickelt.

Ebensowenig darf in Reizung oder Entzündung die Wesenheit des glaucomatösen Processes erkannt werden, da in denselben Ernährungsgebieten die verschiedensten unter Reiz- und Entzündungserscheinungen verlaufenden krankhaften Vorgänge auftreten, und daselbst
oft durch Monate und Jahre fortbestehen, ohne dass der glaucomatöse Process hervortritt; andererseits aber, da sich dieser Process
wohl häufig unter Reizung und Entzündung, in vielen Fällen dagegen auch ohne die geringsten nachweisbaren Reiz- und Entzündungserscheinungen entwickelt.

Man spricht ferner von einer serösen Entzündung. Abgesehen davon, dass man heutzutage so manchen entzündlichen Vorgang im Auge, der sich nicht als glaucomatöser manifestirt, mit
diesem vagem Ausdrucke belegt, und sonach erst den Unterschied
zwischen der einfach serösen und serös-glaucomatösen Entzündung

festzustellen hätte, ist überhaupt bis jetzt weder am Lebenden noch im Cadaverauge die seröse Natur des glaucomatösen Vorganges, ebensowenig wie eine constante Veränderung im Glaskörper (eine Trübung etc., worauf ich schon seit Jahren in meinen Vorträgen hingewiesen habe, indem man die entzündlichen Corneatrübungen und in einzelnen Fällen die entzündlichen Linsentrübungen fälschlich für Glaskörpertrübungen angesehen hat), thatsächlich nachgewiesen worden etc.

Da man nun das Wesen dieses Processes nicht kennt, und da alle bisherigen Erklärungsversuche fruchtlos geblieben sind, so dürfte es am Besten sein, fernerhin die Aufstellung weiterer Theorien zu unterlassen, und unsere Unkenntniss in dieser Beziehung ganz offen insolange einzugestehen, bis neuere Befunde, insbesondere pathologisch-anatomischer Natur eine sichere Grundlage für eine Erklärung darbieten. Man würde hiedurch wohl so mancher Täuschungen verlustig, gewänne aber wesentlich an Zeit und Kraft, die sonst zur Bekämpfung dieser verwendet werden müsste.

Was die hervorragenden Symptome dieses krankhaften Vorganges anlangt, so spielen bei demselben die Reiz- und Entzündungserscheinungen unbedingt eine sehr wesentliche Rolle; hiedurch ist man aber nicht berechtigt, sie in jenen Fällen, wo sie nicht nachweisbar sind, als vorhanden, als bloss latent anzunehmen.

Will man über etwas sprechen, etwas als vorhanden annehmen und darauf eine Erklärung, einen weiteren Aufbau gründen, was weder sichtbar noch sonst irgendwie zur Zeit nachweisbar ist, so wird hiedurch jede weitere streng wissenschaftliche Discussion unmöglich gemacht.

Ein im noch höherem Maasse wichtiges Symptom bei dem glaucomatösen Processe ist in der überwiegend grösseren Zahl der Fälle die Vermehrung des intraoculären Druckes; nichtsdestoweniger kann auch hierin nicht eine patognomonische Erscheinung des glaucomatösen Vorganges erkannt werden, da wie früher erwähnt, eine nicht geringe Anzahl solcher Processe sich stetig oder durch längere Zeit ohne die geringste nachweisbare Drucksteigerung, ja sogar unter einem sehr niederen, der geringsten physiologischen Bulbusspannung kaum adaequaten intraoculären Drucke entwickeln und da weiterhin so manche andere pathologische Vorgänge, die nie zum Glaucome führen, unter gleichzeitiger sehr erheblicher Drucksteigerung im Auge verlaufen.

Dieses Symptom ist durchschnittlich in geringerem Maase bei dem glaucomatösen Scleroticalleiden, mächtiger bei dem glaucomatösen Chorioidealleiden ausgeprägt, und steht vor Allem im Verhältnisse zu den vorhandenen Reiz- und Entzündungserscheinungen. Es hält häufig gleichen Schritt mit diesen, und ist daher oft das erste und am deutlichsten nachweisbare Zeichen der auftretenden oder schon bestehenden Reizung oder Entzündung; demungeachtet fehlt es öfter und zwar sowohl in Fällen, wo die Reiz- und Entzündungserscheinungen mächtig entwickelt sind, als in Fällen, wo dieselben gänzlich mangeln — wogegen wieder andererseits dieses Symptom (wie bereits früher bemerkt) bei Mangel aller Reiz- und Entzündungserscheinungen sehr deutlich ausgeprägt erscheinen kann.

Einen erhöhten Werth erlangt diese intraoculäre Drucksteigerung noch dadurch, dass sie im Verhältnisse zu ihrer Intensität und Andauer Einfluss auf die Grösse der Sehnervenexcavation übt; andererseits dass sie überhaupt auf die functionellen wie nutritiven Verhältnisse des Auges, insbesondere der Netzhaut ungünstig einzuwirken vermag, wie auch anderweitige Vorkommnisse und krankhafte Vorgänge nachweisen. So ist es beispielsweise schon lange bekannt, dass ein stärkerer und andauernder oder auch ein bald vorübergehender aber sehr intensiver Druck auf das Auge eine mehr weniger andauernde Verminderung des Sehvermögens, ja selbst eine vollständige Vernichtung desselben herbeiführen könne.

Ein weiteres sehr auffallendes Symptom des glaucomatösen Vorganges ist die totale und steilrandige Sehnervenexcavation. Diese in Verbindung mit den übrigen sie characterisirenden Erscheinungen (das glaucomatöse Sehnervenleiden) tritt nur bei der Entwicklung des glaucomatösen Processes im Scleroticalgefässgebiete auf. Ist der glaucomatöse Vorgang auf das Choriodialgefässgebiet beschränkt, so fehlt auch stets das glaucomatöse Sehnervenleiden.

All die verschiedenen Gruppirungen der Einzelerscheinungen, welche sich bei der Entwicklung des glaucomatösen Processes im Auge so häufig ergeben, entstehen aus diesem angegebenen Verhältnisse und finden hierin ihre natürliche Erklärung.

Wie bei dem glaucomatösen Scleroticalleiden die glaucomatöse Sehnervenexcavation sich ausbildet, ebenso treten bei dem glaucomatösen Chorioidealleiden — wenn auch gemeiniglich erst in späteren Perioden — wiederholt die glaucomatösen Sclerotical- und Corneal-Ectasien auf.

Die Geneigtheit des glaucomatösen Vorganges, Ectasien zu veranlassen, reiht diesen Process jenen pathologischen Vorgängen an, welche den verschiedenen übrigen Ectasien in den Formhäuten des Auges, überhaupt der Staphylombildung zu Grunde liegen.

Man kann daher auch die glaucomatöse Sehnervenexcavation in anatomischer Beziehung als Staphyloma laminae cribrosae bezeichnen.

Nicht jede steilrandige Sehnervenexcavation, selbst mit Arterien-Pulsation und anderen bei dem glaucomatösen Processe vorkommenden Erscheinungen ist aber eine glaucomatöse, gleichwie nicht jede Sclerotical- und Corneal-Ectasie für eine glaucomatöse erklärt werden kann.[1]

Worin der anatomische Unterschied der glaucomatösen Ectasien von den übrigen am Auge vorkommenden Ectasien besteht, ist bisher noch nicht aufgeklärt; doch dürfte diesen Beiden, so verschieden auch die einzelnen ihnen zu Grunde liegenden Processe sein mögen, ein gemeinschaftliches bedingendes Moment zukommen, nämlich eine Verminderung der Wiederstandsfähigkeit der betreffenden Stelle der Formhäute.

In beiden Fällen, bei dem glaucomatösen Processe sowohl wie bei den übrigen Processen, sieht man die Ectasien in gleicher Art sich hervorbilden, und zwar entweder in acuter oder in chronischer Weise, entweder mit oder ohne Reiz- und Entzündungserscheinungen, entweder unter normalem oder unter pathologisch erhöhtem intraoculären Drucke.

Ebenso beobachtet man, dass sie in beiden Fällen, gleichwie die übrigen Erscheinungen desselben Processes, sich in unterschiedlichem Grade entwickeln; bei Beschränkung des ihnen zu Grunde liegenden Processes jedoch, oder nach dem Aufhören desselben sich entweder mehr weniger zurückbilden, oder aber als ständige Gewebsabweichungen gleichmässig fortbestehen.

Beachtet man, dass der intraoculäre Druck nach allgemein gültigen Grundsätzen und unter Ausnahme geringer Differenzen, welche aber hier nicht in Rechnung kommen, auf allen Parthien der

---

[1] Ein näheres Eingehen auf die Unterschiede der glaucomatösen wie nicht glaucomatösen steilrandigen Excavationen, überhaupt auf jene verschiedenen krankhaften Vorgänge, welche ein nahezu gleiches Bild wie das Glaucom erzeugen, und daher bisher jetzt noch nicht von dem glaucomatösen Processe getrennt wurden, behalte ich mir für eine weitere Veröffentlichung vor.

Formhäute in gleichem Grade lastet, dass die Form des Bulbus bei einem bis zu einem bestimmten Maasse verminderten wie erhöhten Drucke in sehr vielen Fällen unverändert bleibt, ja bei sehr hohem Drucke sich mehr weniger der Kugelgestalt nähert; berücksichtiget man, dass bei verschiedenen krankhaften Vorgängen sich an den verschiedensten Stellen der Formhäute Ectasien von geringerer oder grösserer Ausdehnung entwickeln, in anderen Fällen sich der eine oder der andere grössere Abschnitt des Bulbus ectatisch vergrössert, und wieder in anderen Fällen der Augapfel nach allen Richtungen hin gleichmässig sich ausdehnt, zum vollkommenen Buphthamos sich ausbildet — so ist es wohl nicht anders denkbar, als dass eine durch den zu Grunde liegenden krankhaften Vorgang bedingte, local beschränkte oder ausgebreitete Verminderung der Widerstandsfähigkeit der Formhäute die Ursache der Ectasien abgebe.

Ist der intraoculäre Druck auf Null reducirt, d. h. ist überhaupt keiner vorhanden, so wird sich an keiner Stelle der Formhäute, und sei ihre Widerstandsfähigkeit noch so sehr vermindert, eine Ectasie bilden, insoferne die Formhäute überhaupt noch der Schwere der eingeschlossenen Medien einen entsprechenden Widerstand zu leisten vermögen.

Ist dagegen nur der geringste intraoculäre Druck, oder ein schwächerer oder höherer normaler Druck vorhanden, so muss sich die betreffende Stelle der Formhäute excaviren, wiebald die Widerstandsfähigkeit derselben unter jenes Maass gesunken ist, welches dem bestehenden Drucke das Gleichgewicht halten kann.

Ist der intraoculäre Druck in pathologisch unterschiedlicher Weise erhöht, so wird sich die betreffende Stelle der Formhäute schon bei einem entsprechend geringerem Verluste an Widerstandsfähigkeit ectasiren, und bei gleich grossem Verluste an Wiederstandsfähigkeit um so stärker hervorwölben.

So sieht man im Verhältnisse zur Grösse des intraoculären Druckes und zu dem Grade der Verminderung der Wiederstandsfähigkeit, die betreffende Stelle der Formhäute bald früher bald später, in geringerem oder höherem Grade sich excaviren.

Dieses Gesetz gilt aber nicht blos für die glaucomatösen Excavationen, sondern überhaupt für jede Ectasie, so verschieden auch der ihr zu Grunde liegende Prozess sein mag. Es ist daher unrecht, die glaucomatöse Sehnervenexcavation ausschliesslich D r u c k - e x c a v a t i o n zu nennen.

Nimmt man diese Erklärungsweise an — und ich sehe keinen Grund, warum man sie nicht annehmen sollte — so dürfte das frühzeitigere und häufigere Auftreten der Sehnervenexcavation beim glaucamotösen Scleroticalleiden gegenüber der späteren und selteneren Entwicklung von Ectasien im übrigen Theile der Formhäute bei glaucomatösen Chorioideal- und Scleroticalleiden, in der geringeren Mächtigkeit der Faserzüge der Lamina cribrosa im Gegensatze zu der mächtigen Faserlage und Schichtung des übrigen Theiles der Formhäute begründet erscheinen — da unter solchen Verhältnissen bei dem gleichen Drucke ein geringerer Grad von Verminderung der Widerstandsfähigkeit der einzelnen Faserzüge, die Widerstands-fähigkeit der ganzen Lamina cribrosa früher erschöpft, als die der übrigen Theile der Formhäute. —

Verfolgt man nun weiters den Einfluss, welchen die Iridectomie sowohl auf den glaucomatösen Process als auf verschiedene an-dere krankhafte Vorgänge ausübt, so findet man das bisher Erwähnte in vieler Beziehung weiterhin begründet.

Seit mehr als zehn Jahren habe ich bei meinen öffentlichen Vorträgen, im Gegensatze zur Gräfe'schen Ansicht darauf hinge-wiesen, dass die Iridectomie nicht direct eine druckvermindernde Wirkung ausübe, sondern vor Allem den W e r t h   d e s   G e f ä s s - s y s t e m e s   f ü r   d a s   b e t r e f f e n d e   E r n ä h r u n g s g e b i e t h e r a b s e t z e.

Jedes Gefässsystem hat für sein Ernährungsgebiet einen be-stimmten Werth.

Je mächtiger ein Gefässsystem entwickelt ist, desto grösser ist unter übrigens gleichen Verhältnissen, der durch dasselbe ver-mittelte Stoffumsatz in dem betreffenden Gebiete.

Durch Vergrösserung oder Verminderung des Gefässsystemes wird daher in einem und demselben Ernährungsgebiete der Stoff-umsatz entweder erleichtert und vermehrt, oder erschwert und be-schränkt.

Besteht bei Reizung und Entzündung gegenüber physiologischen Verhältnissen ein v e r m e h r t e r   u n d   b e s c h l e u n i g t e r   S t o f f - u m s a t z, so müssen auch im Verhältnisse zur grösseren Mächtig-keit des Gefässsystemes in dem betreffenden Ernährungsgebiete, die

Reiz- und Entzündungserscheinungen (unter übrigens gleichen Verhältnissen) um so mächtiger hervortreten, in derselben Zeit mehr
Materiale von Seite des Gewebes aufgenommen, und raschere und
massenhaftere Gewebsveränderungen eingeleitet werden können.

Es ist somit aber auch denkbar, dass durch ein bestimmtes
Maass in der Beschränkung der Mächtigkeit des Gefäss-Systemes, d. i.
der Gefäss-, der Blutfläche, in dem betreffenden Ernährungsgebiete
im Allgemeinen der Bezug an Materiale von Seite des Gewebes
quantitativ auf das normale Maass herabgedrückt oder mindestens
so weit vermindert werden könnte, dass eine Ausgleichung der Reiz-
und Entzündungserscheinungen leichter erfolgt. Dies scheint auch
die Beobachtung bei der Iridectomie zu bestätigen.

Diese Operation verringert in dem Maasse ihrer Ausdehnung
die Mächtigkeit des Chorioidealgefäss-Systemes.

Wird sie in geringerer Ausdehnung ausgeführt, so ruft sie bei
einer bestimmten In- und Extensität der Reiz- und Entzündungserscheinungen nur einen geringeren, vorübergehenden, oder selbst
kaum bemerkbaren Erfolg hervor; wird sie dagegen in einer entsprechend grossen Ausdehnung vorgenommen, so tritt gemeiniglich
in sehr kurzer Zeit eine auffallende Verminderung der Reiz- und
Entzündungserscheinungen und sodann häufig entweder früher oder
später ein vollständiges Schwinden derselben, ja ein Rückbilden des
krankhaften Vorganges selbst ein.

Hier drängt sich nun noch eine andere Frage in den Vorder-
grund, ob nämlich bei der sofort verminderten Gefäss- (Blut-)
Fläche unter dem noch fortbestehenden vermehrten und beschleunigten Stoffumsatze im Gewebe oder nach der Beschränkung desselben auf das normale Maass, der Bezug an Materiale noch genügend sei, um überhaupt die Ernährung des Gewebes dauernd
aufrecht zu erhalten.

Die Iridectomien an gesunden und relativ gesunden Augen
beweisen, dass dieses Organ eine mächtige Ausgleichungsfähigkeit
besitzt. Wird auch durch eine mächtige Iridectomie oder durch einen
anderen Vorgang eine erhebliche Partie des Chorioidealgefäss-
Systemes entfernt oder obliterirt, so leidet doch die Ernährung des
Organes dadurch gemeiniglich in keiner nachweisbaren Art.

Wird daher unter pathologischen Verhältnissen durch den operativen Eingriff in der Beschränkung des Gefäss-Systemes das Maass
der bestehenden Ausgleichungsfähigkeit nicht überschritten, so kann

auch hier eine im Allgemeinen zureichende Ernährung noch fernerhin statthaben.

Ist dagegen die Breite dieser Ausgleichungsfähigkeit wesentlich beschränkt, oder ist das Maass des bezogenen Materiales bei dem Mangel von Reiz- und Entzündungserscheinungen, oder nur unter dem Bestehen derselben, d. i. unter dem relativ vermehrten Bezuge gerade noch hinreichend, um die Ernährung des Gewebes aufrecht zu erhalten, so muss durch die sofort eingeleitete Verminderung an Stoffbezug die Ernährung unzureichend werden.

Dies zeigt die Iridectomie nur in zu vielen Fällen.

Ist die Ernährung eines Auges unter dem Bestehen pathologischer Vorgänge oder in Folge derselben, wesentlich herabgesetzt, oder wird dieselbe nur noch unter dem Bestehen von Reiz- und Entzündungserscheinungen aufrecht erhalten, so wird bekanntermassen durch eine Iridectomie, besonders wenn sie ausgiebig ausgeführt wird, unter dem Fortbestehen von Reizung und Entzündung, oder unter deren Beseitigung, Atrophie eingeleitet.

Ist die Ernährung des Organes nur noch unter dem Bestehen von Reizung oder Entzündung aufrecht erhalten, so würde nach dem Schwinden dieser letzteren jedenfalls Atrophie hervortreten; in Folge der Iridectomie, welche die Reizung und Entzündung wesentlich beschränkt oder beseitigt, wird nur die Atrophie früher manifest.

Bei den verschiedenen, besonders unter Reiz- und Entzündungserscheinungen auftretenden krankhaften Vorgängen, bleibt nicht immer das Maass der Aufnahme an Materiale ins Gewebe und dessen Verbrauch gleichwerthig. In vielen Fällen wird mehr ins Gewebe aufgenommen und festgehalten (fixirt), als ausgeschieden, — und so entsteht ein Ueberschuss, und dadurch eine Erhöhung des intraoculären Druckes; in anderen Fällen wird verhältnissmässig mehr ausgeschieden als aufgenommen und festgehalten, — es tritt dadurch ein Verlust, eine Entspannung des Bulbus ein.

Diese intraoculäre Druckerhöhung oder Druckverminderung ist ein unterschiedlich mächtiges Symptom verschiedener Arten von Ernährungsstörungen, und steht somit vor Allem im Verhältnisse zur In- und Extensität der vorhandenen Reizung und Entzündung.

Die Druckerhöhung oder Druckverminderung ist daher entweder auch bei dem Mangel jeder Reiz- und Entzündungs-Erscheinungen und dann umsomehr bei dem Bestehen dieser ausgeprägt, oder sie ist nur bei dem Auftreten von Reizung und Entzündung deutlich wahrnehmbar.

Wird in den letzteren zwei Fällen durch die Iridectomie effectiv die Reizung oder Entzündung gemindert oder beseitiget, so wird auch dem entsprechend in einzelnen Fällen die Druckerhöhung, in anderen Fällen die Entspannung vermindert oder beseitiget, — aber nur in dem Verhältnisse, als selbe zu den Reiz- oder Entzündungserscheinungen vorhanden waren.

Auf die Art, auf das Wesen des krankhaften Vorganges selbst übt die Iridectomie durch Herabsetzung der Gefässfläche, des Stoffbezuges, keinen directen Einfluss aus, wohl aber in vielen Fällen in indirecter Weise, indem sie durch Beschränkung und Beseitigung der Reizung oder Entzündung oder auch an und für sich günstigere Verhältnisse für eine mögliche Ausgleichung setzt.

Die Iridectomie wirkt daher durch Herabsetzung des Stoffbezuges in vorübergehender oder in andauernder Weise nur unter dem Bestehen von Reizung und Entzündung druckvermindernd oder druckerhöhend; sie kann die Reizung und Entzündung beschränken oder beseitigen, nicht aber die Atrophie — im Gegentheile leitet sie dieselbe in den entsprechenden Fällen ein. Wo die Entspannung des Bulbus nach Iridectomie verschwindet, war sie nicht Symptom einer schon eingeleiteten Atrophie, sondern der Art des mehr oder weniger entzündlichen Vorganges.

In ähnlicher Weise wie die Iridectomie wirkt die Punction, wenn auch gemeiniglich nur vorübergehend. Der Unterschied besteht darin, dass bei der Punction der Stoffbezug unverändert bleibt, der Grössenwerth dagegen des Bezogenen für das Gewebe zeitweilig abnimmt, indem nach der raschen Entleerung der wässerigen Feuchtigkeit (oder des Glaskörpers etc.) ein Theil des bezogenen Materiales zum Ersatz des Abhandengekommenen verwendet wird.

Verfolgt man die Wirkung der Iridectomie unter den verschiedensten Verhältnissen, so ergibt sich weiterhin, dass sie nur einen Einfluss auf das Chorioideal-Ernährungsgebiet u. z. vor Allem auf das vordere Chorioidealgebiet, und nur in beschränkter Weise auf das hintere Chorioidealgebiet ausübt.

Auf die Ernährungsgebiete anderer Gefässsysteme hat sie keinen directen Einfluss.

Man sieht daher bei verschiedenen krankhaften Vorgängen im Chorioidealgebiete die Reiz- und Entzündungserscheinungen und die mit ihnen im Verhältniss stehenden Gewebsveränderungen nach der Iridectomie mehr weniger sich zurückbilden.

Bei pathologischen Vorgängen im Sclerotical-, im Netzhaut- oder Conjunctialgebiete zeigt die Iridectomie wie keine unmittelbare Einwirkung.

So bilden sich z. B. die unter Reiz- und Entzündungserscheinungen auftretenden Trübungen und Ectasien der Substantia propria Corneae nach der Iridectomie mehr weniger zurück, nicht aber die bei Reizung und Entzündung im Conjunctialgebiete auftretenden Gewebsveränderungen in der Conjunctiva Scleroticae und der oberflächlichen Schichte der Cornea (des Conjunctivalantheiles der Cornea). Insoferne daher die Trübung und die weiteren Gewebsveränderungen in der Cornea sich auf diesen Conjunctivalantheil beschränken, oder bei ihrer Weiterverbreitung daselbst oder überhaupt im Conjunctivalgebiete ihren Schwerpunkt haben, ist die Iridectomie erfolglos; wohl aber kann durch Exscission oder Obliteration von Conjunctivalgefässen ein günstiges Resultat erzielt werden.

Könnte man überhaupt in so leichter und wenig verletzender Weise in anderen Gefässgebieten einen Theil desselben entfernen, wie im Chorioidealgebiete durch die Iridectomie, so würde man voraussichtlich ebenso günstige Resultate dort wie hier erzielen.

Bei dem glaucomatösen Processe übt die Iridectomie somit nur einen direct günstigen Einfluss auf die glaucomatösen Chorioidealleiden, nicht aber auf die glaucomatösen Scleroticalleiden.

Man sieht daher beim glaucomatösen Process, wie allgemein bekannt, einen auffallenden Erfolg der Iridectomie nur in dem Falle und zwar in dem Maasse, als in dem Auge die Erscheinungen einer Chorioidealreizung oder Chorioidealentzündung vorhanden sind.

Bei dem Mangel an Reiz- und Entzündungserscheinungen im Chorioidealgebiete ist der Erfolg der Iridectomie ein sehr untergeordneter.

Bei dem strenge auf das Scleroticalgebiet beschränkten, unter oder ohne Reizung und Entzündung auftretenden glaucomatösen Leiden (dem sogenannten chronischen Glaucome, dem nichtentzündlichen Glaucome, dem Glaucoma simplex oder der Amourose durch Sehnervenexcavation etc.) ist ein directer Erfolg nicht nachzuweisen, wohl aber ein solcher in indirecter Weise und zwar in dem Maasse als das Chorioidealleiden einen Einfluss auf das Sclerotical-, gleichwie auf das Retinalgebiet ausübt, die Reiz- und Entzündungserscheinungen von der Chorioidea auf diese Gebiete überstrahlen und die vom Chorioidealgebiete ausgehende intraoculäre Druckerhöhung auf die gleichzeitig bestehende Sehnervenexcavation verstärkend einwirkt, oder, auf der Netzhaut lastend, die Functionsfähigkeit derselben beschränkt.

Verwerthet man die früher ausgesprochenen Grundsätze weiterhin für das Netzhautgefässgebiet, so ergibt sich auch hier bei Verfolgung verschiedener krankhafter Vorgänge, z. B. der sogenannten Neuritis (Schwellungspapille, Neuro-Rentinitis, Stauungspapille) gegenüber den als Retinitis bezeichneten Fällen, eine in vieler Beziehung von der jetzt herrschenden abweichende Beurtheilung der Verhältnisse.

Man spricht in den betreffenden Fällen von einer Stauungspapille, einer venösen Stauung, und nimmt als Ursache derselben eine Störung des venösen Abflusses in den Sinus cavernosus, eine Behinderung der Blutcirculation im Scleroticalringe, eine Incarceration des Sehnerven daselbst etc. an.

Wäre dies wirklich der Fall, so müsste sich die Blutstauung von der Stelle des Circulationshindernisses über das ganze venöse System nach rückwärts ausbreiten; es müsste sonach die Ausdehnung (Hyperaemie) der Venen, insoweit dieselben mit dem Augenspiegel überblickt werden können, also jedenfalls von der Lamina cribrosa aus, d. i. in der ganzen Ausbreitung des intraoculären Centralgefässsystemes, entsprechend dessen Verzweigungsart, sich allseitig gleichmässig ausprägen.

Eine derartige, über das ganze venöse Centralgefässsystem gleichmässig verbreitete Hyperämie, d. i. eine wirkliche Stauungshyperaemie beobachtet man auch, wie noch späterhin ausführlicher erwähnt wird, sehr häufig, insbesondere bei Gehirndruck, Pleuritis, Pneumonie, nach jedem heftigeren Hustenanfälle u. s. w.

Diesen wirklichen Stauungshyperaemien gegenüber zeigen nun die sogenannten Stauungspapillen ein wesentlich anderes Bild, u. z. nicht nur in Betreff der Gefässerscheinungen, sondern auch des weiteren dieselben begleitenden Symptomencomplexes.

Betrachtet man bei der sogenannten Stauungspapille die Venenhyperaemie etwas genauer, so ergibt sich:

a) dass dieselbe nur selten über das g a n z e venöse Gefässsystem verbreitet ist, sondern vielmehr sich in den meisten Fällen nur in der einen oder anderen, grösseren oder kleineren Netzhautpartie ausspricht.

b) dass die hyperämischen Venen, welche aus der Lamina cribrosa hervortreten, gewöhnlich eine kürzere oder längere Strecke hindurch ihren normalen Durchmesser besitzen, erst in ihrem weiteren Aufsteigen zur Höhe der Stauungspapille am Durchmesser allmählig gewinnen, an Stelle der stärksten Gewebsschwellung die stärkste Ausdehnung ausweisen und sonach dieselbe in ihrem Herabsteigen in die normale Netzhautfläche wieder allmählig verlieren; dass somit die Hyperaemie sich nicht in der ganzen Ausdehnung ein und desselben Gefässes ausspricht, sondern nur in einer kürzeren oder längeren Strecke desselben, u. z. an einer von der Lamina cribrosa mehr oder weniger entfernten Stelle.

c) dass nicht selten im Verlaufe ein und desselben Gefässes, zwei oder mehrere von einander getrennte hyperämische Stellen gleichzeitig vorhanden sind; dass somit die erweiterten Gefässabschnitte von einander geschieden werden durch Gefässtheile, welche eine geringere Ausdehnung oder einen normalen Querdurchmesser ausweisen;

d) dass die Hyperaemie, ob sie nur in einer einzelnen Netzhautpartie, oder in der ganzen Netzhaut ausgesprochen ist, fast nie in den gleichwerthigen Gefässen in gleicher Intensität auftritt, sondern stets nur in dem einen oder dem andern Gefässe oder Zweigchen, oder in der einen oder andern Gefässverzweigung mächtiger ausgesprochen ist als in der andern, ja dass häufig kleinere Gefässe bedeutend stärker ausgedehnt sind als die grossen, in welche sie einmünden.

Wollte man sonach diese Hyperaemien bei der sogenannten Stauungspapille als eine Folge eines Stromhindernisses ansehen, und daher für Stauungshyperaemien erklären, so müsste das Stromhinderniss, wenn es im Bereiche der Lamina cribrosa oder in geringerem oder grösserem Abstande hinter derselben gelegen wäre, niemals im Stande sein, eine gleichmässige Hyperaemie im interoculären Centralgefässsysteme hervorzurufen, sondern stets nur in dem einen oder andern Gefässe, oder in überwiegendem Maasse in diesem oder jenem Gefässe, u. z. bald in einem grösserem, bald in kleineren zu erzeugen vermögen.

Das Stromhinderniss müsste im Stande sein, die Hyperaemie nicht unmittelbar vor seinem Standorte, sondern erst in einem geringeren oder grösseren Abstande hervorzurufen und dabei die Hyperaemie in den Gefässen allmälig zunehmen und dann wieder abnehmen zu lassen, und somit den Höhepunkt der Hyperaemie, die stärkste Erweiterung in die Mitte der hyperämischen Gefässstellen zu verlegen; es müsste im Stande sein, die Hyperaemie nicht nur überhaupt in einer beschränkten, kürzeren oder längeren Strecke, sondern auch gleichzeitig an mehreren von einander getrennten Stellen ein und desselben Gefässes zu entwickeln; es müsste im Stande sein, die Hyperaemie in einer grösseren Vene hervorzurufen, ohne dass die einen oder andern kleineren Gefässe, welche in diese einmünden, daran theilnehmen, oder umgekehrt die Hyperaemie in kleineren Gefässen zu erzeugen, ohne dass die grössere Vene, welche diese aufnimmt und noch vor der Stelle des Stromhindernisses liegt, an solcher participiren würde.

Es wären dies Annahmen, die gewiss Niemand im Ernste zu vertreten gewillt sein dürfte.

Diesen eben erwähnten Fällen von sogenannter Stauungspapille gegenüber, kommen aber auch nicht selten Fälle vor, in welchen wohl die Gewebsschwellung und die übrigen Erscheinungen vorhanden sind, die Centralgefässe dagegen allseitig einen auffallend kleineren Querdurchmesser ausweisen, als die Gefässe des anderen Auges oder als sie selbst unmittelbar vor Entwicklung der sogenannten Stauungspapille besessen haben, oder in welchen die Gefässe während der Entwicklung der sogenannten Stauungspapille und trotz deren Fortbestandes stetig am Querdurchmesser abnehmen. In solchen Fällen müsste sonach das supponirte Stromhinderniss anstatt einer Hyperaemie eine Anämie, und trotz dieser alle übrigen Erscheinungen der Stauungspapille hervorzurufen im Stande sein.

Was den Symptomencomplex anbelangt, welcher in Verbindung mit diesen Gefässerscheinungen auftritt, so sieht man die w i r k l i c h e n Stauungshyperämien in der bei weitem überwiegenden Zahl der Fälle durch Tage, Wochen, selbst Monate und länger mehr oder weniger unverändert fortbestehen, ohne dass sich irgend eine weitere erhebliche functionelle oder nutritive Störung einstellt; die sogenannten Stauungspapillen dagegen geben stets das vollendete Bild einer Entzündung.

Man kann aber auch nicht behaupten, dass bei den sogenannten Stauungspapillen die Entzündung durch die Hyperaemie veranlasst sei.

Man beobachtet so häufig die verschiedensten Arten von Hyperaemien, insbesondere, wie oben erwähnt, wirkliche Stauungshyperaemien von mindestens gleicher, nicht selten aber von bedeutend mächtigerer Entwicklung, wie bei den sogenannten Stauungspapillen, ja selbst Stasen im Centralgefäss-Systeme durch kürzere oder längere Zeit bestehen, ohne dass sich Entzündungserscheinungen hervorbilden.

Andererseits müsste die Gefässhyperaemie der Entwicklung der Stauungspapille vorausgehen. In Wirklichkeit dagegen sieht man in einer grossen Anzahl von Fällen die übrigen Entzündungserscheinungen, die Entwicklung der Stauungspapille gleichzeitig und in übereinstimmender Mächtigkeit mit der Gefässhyperaemie auftreten und sich weiterbilden; in anderen Fällen sieht man die übrigen Entzündungserscheinungen mit der Gewebsschwellung sich früher als die Gefässhyperaemie entwickeln, und in wieder anderen Fällen den Grad der Gefässhyperaemie nicht im Verhältnisse zu den übrigen Entzündungserscheinungen und der Gewebsschwellung stehen, ja selbst eine sogenannte Stauungspapille bei auffallend geringerem als dem normalen Gefässdurchmesser auftreten.

Aus all diesem ergibt sich daher, dass bei den sogenannten Stauungspapillen keine wirkliche Stauungshyperaemie gegeben sei, dass diese demnach die Gewebsschwellung und die übrigen Entzündungserscheinungen nicht veranlassen, und dass man somit nicht berechtigt ist, diese Fälle mit dem Namen „Stauungspapille" zu bezeichnen.

Ebensowenig ist der Ausdruck Schwellungspapille oder Neuritis in diesen Fällen vollkommen bezeichnend, da die Erscheinungen während des Lebens sowie die anatomischen Befunde nachweisen, dass die Gewebsveränderungen sich nicht blos auf das intraoculäre Sehnervenende beschränken, sondern auch mehr oder weniger auf benachbarte Netzhautpartien erstrecken.

Wollte man mit Neuritis interna und Retinitis auf den Unterschied hinweisen, dass der Process in dem einen Falle von dem intraoculären Sehnervenende aus, in dem anderen Falle von den eigenthümlichen Netzhautgeweben aus sich entwickle, so müsste man dann auch statt Retinitis verschiedene Ausdrücke wählen, je nachdem sich der Process von der Opticusausbreitung oder einer der übrigen Gewebsschichten und Elemente der Netzhaut aus verbreitet.

Im Allgemeinen wird die Gewebsschwellung und die Ausbreitung der übrigen Erscheinungen im Augengrunde bei sogenannten Stauungs- oder Schwellungspapillen, sowohl am Lebenden wie im Cadaverauge, ihrem Querdurchmesser nach häufig unterschätzt.

Man hält nicht selten die Breite der am meisten hervorragenden Stelle der geschwellten Partien für ebenso gross oder nur um wenig grösser, als den Durchmesser der Sehnervenscheibe (des Sehnervenquerschnittes) und wird hiebei dadurch getäuscht, dass deren Umgrenzung gemeiniglich nur sehr undeutlich oder gar nicht zu erkennen ist, ferner dass oft die erheblich ausgedehnte weissliche Färbung der vorgewölbten Gewebspartie den Anschein gewährt, als leuchte die Sehnervenscheibe hindurch, und endlich, dass man übersieht, dass im Verhältnisse des Abstandes der Schwellungsoberfläche von der normalen vorderen Netzhautfläche, das ophthalmoskopische Bild eine geringere Vergrösserung ausweist.

In dem Maasse, als die centrale Partie der Netzhaut anschwillt und die Oberfläche derselben in den Glaskörper hervorgedrängt wird, tritt ein Missverhältniss der Netzhautoberfläche zu dem daselbst gegebenen Raume ein, da sich dieselbe nun in der Richtung der Sehne des Bogens lagern sollte, welchem sie früher anlag.

Schrumpft daher die Netzhautoberfläche nicht ein, so muss sie an irgend einer Stelle eine Falte bilden.

Da nun die widerstandsfähigeren Theile derselben, die Opticusfasern und die Gefässe in der Lamina cribrosa festgehalten werden, und die Gewebsschwellung zuerst und am stärksten in der Peripherie des Sehnervenkopfes und seiner nächsten Umgebung auftritt, so erhebt sich die innere Netzhautfläche von ihrem normalen Standorte aus gegenüber dem Pilorus nervi optici, mehr oder weniger steil aufsteigend und trichterartig auseinanderweichend, gegen die mittleren Partien des Glaskörpers zu, wendet sich sodann in bogenförmiger Krümmung vor den peripheren Theilen der Sehnervenscheibe allseitig nach aussen, und senkt sich endlich in geringerem oder grösserem Abstande von der Sehnervengrenze mehr oder weniger steil abfallend zur normalen Netzhautfläche herab.

3*

Es wölbt sich in dieser Art die innere Netzhautfläche v o r der Sehnervengrenze und seiner nächsten Umgebung mehr oder weniger stark gegen die Mitte des Glaskörpers hervor und bildet daselbst eine ringförmige Falte, wobei sich die Oberfläche der geschwellten Netzhaut in der Richtung zum Sehnervencentrum verschiebt (zusammenschiebt) und hiedurch die peripheren Theile der Netzhaut ausgedehnt d. i. ohne Faltung erhält.

Dass bei dieser ringförmigen Faltenbildung oder Wulstung die oberflächlichen centralen Netzhautschichten sich wirklich zusammenschieben, d. h., dass die unter normalen Verhältnissen a u s s e r h a l b der Sehnervengrenze gelagerten Netzhautpartien in dem Maasse der Gewebsschwellung sich v o r der Sehnervengrenze und v o r dem peripheren Theile der Sehnervenscheibe lagern, ergibt sich in sehr deutlicher Weise bei Verfolgung des Prozesses während der Entwicklung oder noch besser bei Rückbildung einer erheblichen Schwellung.

Beachtet man nämlich irgend eine markirte Gefässstelle, z. B. eine Gefässkreuzung oder noch sicherer eine Gefässtheilung, welche zur Zeit der höchsten Gewebsschwellung gerade vor der Begrenzungslinie (äusseren Contour) der Sehnervenscheibe gelagert ist, so wird man dieselbe nach vollständiger Rückbildung des Prozesses in geringerem oder grösserem Abstande von der Sehnervencontour im Bereiche der Netzhaut situirt finden.

Im Cadaverauge wird man leicht in ähnlicher Weise irregeleitet.

Im frischen Cadaverauge, schon nach Theilung desselben in einen vorderen und hinteren Abschnitt, beobachtet man oft die Bildung einer Falte, einer Hervorragung in der Netzhaut im Bereiche und Umfange des intraoculären Sehnervenendes, u. z. durch Zurücksinken, durch Zusammenziehen der Netzhaut — was man leicht durch die unterschiedliche Stellung der Schnittfläche der Netzhaut gegenüber der Schnittfläche durch die Chorioidea und Sclerotica nachweisen kann.

Wird dagegen das Auge in eine Erhärtungs-Flüssigkeit gebracht, so zieht sich leicht die Netzhaut stärker als die Chorioidea und Sclerotica zusammen, insbesondere wird die Netzhaut durch die Schrumpfung des Glaskörpers leicht von der Chorioidea streckenweise abgehoben. Hiebei zieht sich die Netzhaut vor Allem in der Richtung ihrer Anheftungsstelle am Sehnerveneintritte zusammen, und bildet daselbst häufig eine ähnliche Gewebsstauung, Hervorragung oder Faltung.

Achtet man daher bei der Erhärtung und Schnittführung zur Herstellung mikroskopischer Präparate nicht genau darauf, dass die Netzhaut möglichst ihre normale Flächenausdehnung beibehalte, so findet man, besonders wenn während der Herstellung des mikroskopischen Präparates die Netzhaut etwas eintrocknet, häufig die Innenfläche des intraoculären Sehnervenendes unter oder ohne Bildung einer tieferen centralen Excavation, weiter abstehend von der Lamina cribrosa als während des Lebens, wobei zugleich ein Theil der zunächst sich anschliessenden Netzhautpartien in den Sehnervenkopf einbezogen, d. i. statt vor der Chorioidea, nun vor dem peripheren Theile der Lamina cribrosa gelagert erscheint.

Mit welchen Namen soll man daher die bisher als Neuritis interna, Neuroretinitis, Stauungs- und Schwellungspapilla bezeichneten Fälle belegen?

Beachtet und würdiget man die einzelnen Erscheinungen und das Gesammtbild, welche in diesen Fällen vorhanden sind, so zeigt es sich, dass sie als Entzündungserscheinungen, sowie als Symptome der unter diesen Entzündungserscheinungen auftretenden Ernährungsstörung anzusehen sind, und somit ein vollendetes Bild eines entzündlichen Leidens geben.

Man beobachtet aber auch, dass in anderen Fällen (welche man bisher Retinitis nannte) ganz dieselben Gefäss- und übrigen Erscheinungen, wie sie im Bereiche der sogenannten Stauungspapilla vorkommen, auch in der Flächenausbreitung der Netzhaut u. z. in geringerem oder grösserem Abstande vom intraoculären Sehnerven auftreten, und dass nur die Mächtigkeit der Gewebsschwellung in den mittleren oder peripheren Netzhautpartien gemeiniglich geringer ist als im Bereiche und Umfange des Sehnervenkopfes, dass endlich dieselben Gefäss- und übrigen Erscheinungen an der gleichen Stelle wie bei der sogenannten Stauungspapilla, nur mit geringer, oder selbst ohne nachweisbare Gewebsschwellung vorkommen.

Da sohin bei der sogenannten Stauungspapilla wie bei der Retinitis der Art und Wesenheit nach dieselben Entzündungserscheinungen und weiteren Symptome der gegebenen Ernährungsstörung auftreten, und diese in beiden Fällen sich im Bereiche des Centralgefässsystemes und dessen Ernährungsgebiete entwickeln, so vermag ich in beiden Fällen eben nur von einem entzündlichen Netzhautleiden, von einer Retinitis[1]) zu sprechen.

Der Unterschied hiebei besteht nur darin, dass in dem einen Falle eine mehr oder weniger beschränkte centrale, im anderen Falle eine mehr oder weniger beschränkte periphere Entwicklung der Entzündung gegeben ist.

Man beobachtet aber auch andererseits, dass die Entzündungserscheinungen im Netzhautgebiete sich wiederholt vom centralen Theile auf den peripheren, oder von der Peripherie aus gegen das Centrum verbreiten, sowie auch gleichzeitig im ganzen Ernährungsgebiete entwickeln.

Man muss daher bei dem Auftreten von entzündlichen Netzhautleiden unterscheiden zwischen einer Retinitis centralis, Retinitis peripherica und Retinitis totalis.

Die veranlassenden Momente für die centrale Retinitis sind unbedingt eben so verschieden, wie bei der peripheren oder totalen Retinitis.

Gibt man bei der centralen Retinitis die falsche Theorie von der venösen Blutstauung (der Stauungspapille) auf, und würdiget man die einzelnen Erscheinungen ihrem natürlichen Werthe nach, so ist es auch in vielen Fällen gewiss nicht nothwendig, zu weitgreifenden und mühsam herbeigezogenen Erklärungen Zuflucht zu nehmen, eines der wesentlichsten veranlassenden Momente in der Verbindung des Arachnoidealraumes mit der Opticusscheide, in einem Oedema laminae cribrosae zu suchen, oder die centrale Retinitis in Verbindung mit einer nicht nachweisbaren Trombose der arteria centralis[2]) zu bringen, bei welcher in ganz eigenthümlicher Weise die Arterienverzweigungen über (hinter) der Stelle des Abschlusses normal mit Blut gefüllt bleiben sollten etc.

---

[1]) Diese Ansicht habe ich schon in den ersten Jahren meiner Spiegeluntersuchungen gewonnen und vertreten, sowie seither stets bestätiget gefunden. Siehe meine Veröffentlichungen: Ueber Retinitis, in der Wiener medicinischen Wochenschrift, 25. November 1851. — Beiträge zur Pathologie des Auges, 2. Lief. 1855, 3. Lief. 1856. Taf. XI, XII, XIV, XVI. 2. Auflage 1870. Taf. XXIII, XXIV, XXV, XXVII, XXVIII, XXIX. — Ueber das Verhalten der Entzündungsröthe im Sehnerven bei Retinitis und Chorioideitis, Zeitschrift für praktische Heilkunde, Wien 1856. — Ueber Entzündung, Hyperaemie und Stase in der Retina, ebendaselbst 1856. Nr. 12.

[2]) Siehe Archiv für Ophthalmologie v. A. v. Graefe. 12. B., Abth. 2, pag 119—120.

In vielen Fällen von centraler Retinitis bei präexistirendem entzündlichen Leiden des Centralnervensystems scheint die Erklärung ihrer Entwicklung durch die Ausbreitung der Störung der Nervenbahn entlang, schwer zurückzuweisen zu sein.

Wie in vielen Fällen der entzündliche Vorgang sich vom Centralorgane auf den Sehnerven und längs des orbitalen Sehnervenantheiles in das intraoculäre Sehnervenende und in die Netzhaut verbreitet — könnte nicht in anderen Fällen derselbe unter Ausschluss des orbitalen Sehnervenantheiles, durch Uebertragung auf das Endernährungsgebiet des Sehnerven, daselbst eine entzündliche Ernährungsstörung hervorzurufen im Stande sein?

Beachtet man schliesslich die früher erwähnten Grundsätze in Beurtheilung der im Conjunctivialernährungsgebiete auftretenden krankhaften Vorgänge, so ergibt sich auch hier nothwendigerweise vielseitig eine von der jetzt herrschenden, abweichende Auffassung.

Diese wird vor Allem dadurch bedingt, dass die im Conjunctivalantheile der Cornea auftretenden krankhaften Vorgänge aus dem Leiden der Cornea ausgeschieden und unter die Conjunctivalerkrankungen eingereiht werden müssen.

Einen weiteren wesentlichen Einfluss auf die Beurtheilung und Eintheilung der Conjunctivalleiden übt die bekannte Thatsache, dass einzelne derselben sich durch eine eigenthümliche Gefässbildung characterisiren [1]).

---

[1]) So characterisirt sich, z. B. gegenüber dem grossmaschigen und ziemlich gleichmässigen Gefässgewebe der Conjunctiva bulbi, die Conjunctivitis simplex durch ein auffallend dichtes, kleinmaschiges, äusserst zartes Gefässnetz — die Conjunctivitis pustulosa durch die Entwicklung einzelner, mächtiger, stark geschlängelter Gefässe und Gefässbündel, welche der Stelle der Pustel zustreben — die Conjunctivitis granulosa (auch militaris, ägyptiaca, Trachom genannt) durch eine mächtige Gefässneubildung, wobei sich die äusserst zarten Gefässchen an Stelle der einzelnen Gefässschlingen der Conjunctiva tarsi, in geringerer oder grösserer Zahl zu kleinen oder grösseren, knospenartigen, späterhin sich mehr abflachenden Bündeln vereinigen — die Conjunctivitis blennorrhoica durch die mächtige, beinahe varicöse Ausdehnung und Schlängelung der Gefässschlingen des Papillarkörpers, — die Conjunctivitis corneae vasculosa (Keratitis vasculosa) durch die regelmässige Fortbildung von Gefässverzweigungen in meridionaler Richtung von der Conjunctiva scleroticae in die Conjunctiva Corneae — der Pannus durch die vollste Unregelmässigkeit der neugebildeten Gefässe in Bezug

Ich habe dieses Moment seit mehr als 20 Jahren ununterbrochen verfolgt, und durch Anfertigung und Sammlung von In-
jectionspräparaten einen tieferen Einblick in die diessbezüglichen
Verhältnisse zu gewinnen gesucht.

Ist die bisherige Ausbeute auch keine besonders reichhaltige,
da wie bekannt ein Theil der Conjunctivalleiden in den letzten Lebensperioden seltener einen höheren Grad der Entwicklung aufweist,
und in dieser Zeit, wie insbesondere durch senile Veränderungen
häufig einen unterschiedlichen Ausdruck erleidet — so habe ich doch
in dem Verhalten, in der Entwicklungsart, der Ausbreitung und
Rückbildung der Conjunctivalgefässe bei verschiedenen krankhaften
Vorgängen so vielfache Differenzen nachzuweisen die Gelegenheit
gehabt, um auf Grundlage derselben zum Theile eine Trennung verschiedener Conjunctivalkrankheiten vornehmen zu können.

Eine gründliche Einsicht in das Wesen der verschiedenen
Conjunctivalleiden und den Werth ihrer einzelnen Erscheinungen
und somit eine befriedigende Begründung und Entwicklung der Lehre
von den Conjunctivalkrankheiten, kann naturgemäss erst dann erfolgen, wenn die bei den verschiedenen krankhaften Vorgängen gegebenen Veränderungen, wie hier zum Theile bezüglich des Gefäss-
systemes, so auch rücksichtlich jedes einzelnen Theiles des Con-
junctivalgewebes allseitig nachgewiesen sein werden.

Bei der Verwirrung jedoch, welche heutzutage über das Wesen
der einzelnen Conjunctivalkrankheiten, bei deren Eintheilung und
Darstellungsweise, insbesondere aber rücksichtlich der Terminologie
herrscht, und somit bei der Unhaltbarkeit der bisherigen Lehre über
Conjuntivalleiden, glaubte ich die bisher erwähnten Grundsätze und
Thatsachen nicht unberücksichtigt lassen zu sollen. Ich war daher
schon seit den letzten 3 Jahren bestrebt, bei meinen öffentlichen
Vorträgen unter Verwerthung dieser Grundsätze, insbesondere aber
auf Grundlage der nachgewiesenen Verschiedenheiten im Gefässgewebe, sowie der übrigen bisher bekannten pathologisch-anato-

---

ihres Durchmessers, Verlaufes und ihrer Lagerung, — das Pterygium mus-
culare durch die Bildung zarter, lang gestreckter, beinahe parallel verlau-
fender Gefässe mit seltenen Anastomosen, welche eine Aehnlichkeit mit dem
Gefässsysteme von Muskeln zeigen. — Das Pterygium vasculosum durch
eine mächtige Gefässpyramide aus sehr grossen, wie auch kleineren äusserst
stark geschlängelten Gefässen, welche durch ihre häufigen Anastomosen ein
mehr weniger dichtes Maschennetz bilden, etc. etc.

mischen Befunde, die Lehre von den Conjunctivalkrankheiten neu und zeitgemäss zu entwickeln.

Kann auch bei der Unzulänglichkeit des Materiales dermalen noch nichts Vollständiges und allseitig Unverrückbares hingestellt werden, so sind hiedurch doch wenigstens theilweise eine sichere Grundlage und manche Anhaltspunkte für einen weiteren Ausbau gegeben, bei welchem die einzelnen dargelegten Thatsachen, wenn sie auch späterhin eine veränderte Beurtheilung erleiden sollten, doch immer ihren vollen Werth beibehalten werden.

Aus all dem bisher Erwähnten ergibt sich somit, dass, insoferne die früher erwähnten Grundsätze allseitig verwerthet werden, die Lehre von den Augenkrankheiten überhaupt vielfach wesentliche Veränderungen erleidet.

In erster Linie muss die Aufstellung einer eigenen Krankheitsgruppe unter der Aufschrift: Entzündungen fallen gelassen und müssen die einzelnen krankhaften Vorgänge nach der Art der gegebenen Ernährungsstörung von einander geschieden, in Bezug auf Entwickelung und Ablauf ihrem Wesen nach dargestellt werden; ihre Auftretensweise dagegen, d. i. inwieferne sie unter oder ohne Reiz- und Entzündungserscheinungen sich entwickeln und verlaufen, darf erst in zweiter Linie zur Berücksichtigung gelangen.

Weiterhin sind die einzelnen krankhaften Vorgänge ihrer Entwicklung und Verbreitung nach, in den einzelnen Ernährungsgebieten von einander zu scheiden und respective aneinander zu reihen.

Endlich muss die bisher übliche Bezeichnung derselben vielfach abgeändert und den eben erwähnten Verhältnissen entsprechend festgestellt werden.

Auch in mancher anderen Richtung ergibt sich auf dem Gebiete der Augenheilkunde das dringende Bedürfniss theils einer thatsächlichen Begründung vielseitig verbreiteter Ansichten, theils eines vollständig neuen Aufbaues.

Die dermalen allgemein angenommene Lehre über den Bau und die dioptrischen Einstellungsverhältnisse des menschlichen Auges ist systematisch nach den verschiedensten Richtungen hin klar, bestimmt und beinahe bis zu den entferntesten Consequenzen hin entwickelt: sie erscheint jedoch der Wesenheit nach noch immer als ein überwiegend theoretischer Aufbau, welchem vielseitig eine zureichende anatomische Begründung, die praktische Bestätigung fehlt. Die Befunde und Resultate, welche sich am Krankenbette ergeben, insbesondere die Ergebnisse der Augenspiegeluntersuchungen stehen noch häufig im auffallenden Gegensatze zu den aufgestellten Theorien.

Die Lehre von der Gräfe'schen Sclerotico-chorioideitis, die dermalige Lehre von der progressiven Myopie [1], von dem Accommodationskrampfe, der Asthenopie etc. sind, wie ich zum Theile schon in meiner Schrift: „Ueber die Einstellungen des dioptrischen Apparates, 1861" ausführlich dargelegt und wie es zum Theile aus dem Nachfolgenden erhellt, meiner vollsten Ueberzeugung nach falsch, und führen diese Lehren überdiess in ihrer praktischen Verwerthung für die Hilfesuchenden vielseitige und sehr erhebliche Nachtheile herbei.

Ebenso dürfte, wie es sich schon aus dem früher Erwähnten mehrfach ergibt, die jetzt herrschende Lehre vom intraoculären Drucke mindestens noch nicht als bewiesen anzusehen sein, etc. etc.

Solange man noch, wie bei dem Staphyloma posticum, die Erscheinungen einer bestimmten Bildungsform oder Bildungsanomalie mit den Erscheinungen eines mehr oder weniger entzündlichen krankhaften Vorganges verwechselt; solange man eine Hereinrückung des Fernpunktes in Folge einer Accomodationsbeschränkung (Nahsichtigkeit) mit progressiver Myopie identificirt; solange man nicht als Optometer den Augenspiegel verwerthet, und durch dessen Hilfe die dem Bau des Auges entsprechende dioptrische Einstellung von der durch accomodative Thätigkeit herbeigeführten Einstellung zu trennen vermag, — so lange werden in Bezug der durch Beobachtung am Lebenden zu erzielenden Daten, alle jene Anhaltspunkte mangeln, welche nöthig sind, um die eben erwähnten Fragen einer endgiltigen Lösung zuzuführen.

Beachtet man endlich, dass die Lehre von den Augenoperationen, insbesondere den Staaroperationen, in neuerer Zeit sehr wesentliche

---

[1] Unter allen bisher an die Oeffentlichkeit gelangten Arbeiten über Myopie, Staphyloma posticum etc. scheint mir die von Dr. Schnabel: „Zur Lehre von den Ursachen der Kurzsichtigkeit", Archiv für Ophthalmologie v. Gräfe, Band 20. Abtheil. 2. Pg. 1.; allein den richtigen Weg zu verfolgen.

Entspricht auch nach meinen bisherigen Beobachtungen nicht jeder Ausspruch meinen Ansichten, so stimme ich doch im Allgemeinen, wie in den meisten Einzelheiten mit Dr. Schnabel überein.

Veränderungen erfahren hat, dass man hiebei aber noch keineswegs zu einem allseitig befriedigenden Abschlusse gelangt ist, so dürfte wohl nicht geleugnet werden können, dass die Augenheilkunde gegenwärtig so ziemlich allseitig einer Umgestaltung und in vieler Beziehung einer thatsächlichen Begründung, eines neuen Aufbaues auf einer verlässlicheren, mehr objectiven Basis als bisher, bedürfe.

Diese Umgestaltung, Begründung und der neue Aufbau wird sich auch in kürzester Zeit anbahnen, wenn man am Krankenbette strenger objectiv wie bisher vorgeht, insbesondere, wenn man, wie in neuerer Zeit mit so schönem Resultate, in noch ausgedehnterer Weise eingehende anatomische Untersuchungen vornimmt, andererseits aber das Theoretisiren und Schematisiren nach jeder Richtung hin, so auch auf mikroskopischen Felde, sowie das Aufstellen von Berechnungen auf willkürlich angenommener Basis möglichst beschränkt.

Das Centralgefäss-System.

Ein ergiebiges Feld für eingehende Beobachtungen an Lebenden u. zw. für Beobachtungen von nicht bloss localem Werthe wird uns durch den Augenspiegel in dem Ernährungsgebiete des Central- oder Netzhautgefäss-Systems erschlossen.

Die Netzhautgefässe treten durch die Lamina cribrosa aus dem Pylorus nervi optici in das Innere des Auges hervor, breiten sich sofort, radiär auseinanderweichend, in einfacher Schichtung im Augengrunde aus, und können daselbst bei der hochgradigen Durchsichtigkeit der Medien und der Cornea, grösstentheils bis in die feinsten Verzweigungen deutlich wie keine andere Gefässverzweigung, unter normalen Verhältnissen im menschlichen Körper, verfolgt werden.

Dieselben bilden ein nahezu vollkommen abgeschlossenes Gefässgebiet, welches, wie früher erwähnt, die Netzhaut und den in ihrer Flächenausbreitung gelegenen Theil des intraoculären Sehnerven (den Sehnervenscheitel) umfasst.

Im centralen Theile dieses Gebietes, sowie überhaupt im intraoculären Sehnervenende kommen wohl mehrseitig zarte Gefässverbindungen mit dem Chorioideal- und Scleroticalgefäss-Systeme und selbst mit den extraoculären Sehnervengefässen vor, ebenso entspringen einzelne zarte Gefässe aus letzteren Gebieten und verbreiten sich in geringer Ausdehnung in der Netzhaut; dieselben sind jedoch von sehr untergeordneter Bedeutung, wie es sich vor Allem bei der Verfolgung verschiedener pathologischer Vorgänge, besonders unter Reizungs- und Entzündungserscheinungen, im Netzhaut - Chorioideal- und Scleroticalgebiete ergibt.

Die Gefäss- und Gewebsveränderungen bei diesen Processen beschränken sich trotz dieser Gefässverbindungen meistens auf einzelne bestimmte Gebiete, sie scheiden sich somit ihrer Lage nach auch im intraoculären Sehnervenende von einander, u. zw. je nachdem die Theile des Sehnerven in dem Netzhaut-Chorioideal- und Scleroticalgebiete eingelagert sind, und greifen verhältnissmässig nur selten und in geringer Ausdehnung in das benachbarte Ernährungsgebiet über — insbesondere ist bei Reizung und Entzündung das Ernährungsgebiet der Netzhaut im Sehnerven von dem der Chorioidia, Sclerotica und des extraoculären Sehnerven gemeiniglich deutlich und scharf getrennt.

Das Netzhautgefäss-System übt bei der einfachen Schichtung desselben, bei dem grossen Abstande der einzelnen Gefässe und Zweigchen untereinander und der nur unter günstigen Verhältnissen sichtbaren zarten Spiegelung der Capillarschichte, keinen auffallenden Einfluss auf die allgemeine Färbung des Augengrundes; die Gefässe rufen in demselben nur eine äusserst zarte, röthliche Tingirung hervor, die sich vor Allem in der Sehnervenoberfläche ausspricht.

Die einzelnen Gefässe, insoweit sie überhaupt zu verfolgen sind, heben sich durch ihre Färbung und insbesondere bei grösserem Querdurchmesser durch ihre einfachen dunkleren und breiten Begrenzungslinien sehr bestimmt von der hellen Lamina cribrosa und der unterschiedlich gelbrothen Chorioideal-Epithelschichte des übrigen Augengrundes ab, und verlaufen deutlich erkennbar in einigem Abstande vor der Epithelschichte, d. i. gleichsam schwebend in einem durchsichtigen Medium vor der gefärbten und undurchsichtigen Unterlage.

Wenn man von Netzhautgefässen spricht, insoweit sie sich durch ihre röthliche Färbung und einfache dunkle Contourirung markiren, so muss man wohl beachten, dass die Gefässwandungen in der Netzhaut unter physiologischen Verhältnissen und im Gegensatze zu den übrigen Gefässen des menschlichen Körpers, gleich den übrigen Netzhautelementen eine nahezu glasartige Durchsichtigkeit besitzen. Die Gefässwandungen sind daher unter normalen Verhältnissen in der Netzhaut nicht sichtbar, und treten nur bei Bildungsanomalien und pathologischen Vorgängen mehr oder weniger deutlich hervor.

Von den Netzhautgefässen sieht man unter physiologischen Verhältnissen mittelst des Augenspiegels nur den roth gefärbten Theil der Blutsäule; das ganze Gefäss jedoch ist seinem Quer-

durchmesser nach nahezu doppelt und darüber so breit, als der eingeschlossene sichtbare rothe Blutstrom.

Man sollte daher anstatt von sichtbaren Netzhautgefässen, von
den sichtbaren Blutsäulen oder Blutsträngen in der Netzhaut
sprechen.

Will man diese Ausdrücke nicht allgemein gebrauchen, so
muss man, insoferne nicht speciell der Gefässwandungen Erwähnung
geschieht, alles dasjenige, was über Netzhautgefässe bezüglich ihrer
Durchmesser, Farbe etc. angegeben wird, allein auf ihren roth-
gefärbten Blutantheil beziehen.

Die periphere farblose Schichte der Blutsäulen ist im Allgemeinen nicht leicht erkennbar, sie prägt sich jedoch unter günstigen Verhältnissen an einzelnen Stellen deutlich aus.

Beachtet man nämlich zwei sich kreuzende, aber hiebei von
ihrer Verlaufsebene nicht abweichende Gefässe, und gibt das
unterliegende Gefäss einen hinglänglich deutlichen Reflex von seiner
Mitte, so sieht man diese Reflexerscheinung beinahe unmittelbar
bis an die dunkle röthliche Contour der oberflächlichen rothen
Blutsäule heranreichen; nur ein äusserst schmaler Zwischenraum,
dem Anscheine nach eine dunkle, beinahe farblose feine Linie,
trennt beide von einander. In dieser Linie prägt sich die Breite
der farblosen Blutschichte aus.

In Folge dieser eigenthümlichen Durchsichtigkeit der Netz-
hautgefässwandungen ist nun dem Beobachter die Gelegenheit gegeben, über den Durchmesser und die Farbe der Blutsäulen und
über andere Erscheinungen an denselben, sowie unter gewissen Verhältnissen über die Dicke der Gefässwände und manche in denselben
auftretenden Gewebsveränderungen, weitaus eingehendere und ver-
lässlichere Aufschlüsse zu erlangen, als bei Untersuchungen an anderen Gefässen des menschlichen Körpers.

Die nicht entsprechende Würdigung dieser Verhältnisse rücksichtlich der mittelst des Augenspiegels überhaupt wahrnehmbaren
Gefässe der verschiedenen Systeme im Auge, hat zu sehr wesentlichen Irrthümern in der Augenheilkunde geführt.

So übt z. B. die Farbe des Blutes, d. i. die Blutsäule selbst,
nur einen sehr beschränkten Einfluss auf das Sichtbarsein und die
Färbung der Chorioidealgefässe aus. Das Sichtbarsein, die Breite
und Farbe der Chorioidealgefässe hängt der Wesenheit nach ab von
der Dichtigkeit und Färbung der Gefässwandungen, insbesondere

von der Mächtigkeit und Farbe des Chorioidealstroma- und des Epithelpigmentes, welches über den einzelnen Gefässen und in deren Zwischenräumen liegt, sowie von den hiebei sich ergebenden Contrastwirkungen, endlich aber von den Verhältnissen der übrigen an die Gefässe sich anschliessenden und denselben vorgelagerten Gewebselemente und den an selben sich ergebenden Veränderungen.

Die Zahl und Breite der Chorioidealgefässe wird häufig für geringer geschätzt, als sie wirklich ist, da die Gefässe vielfach entweder ihrer ganzen Breite nach oder nur in ihren Seitentheilen mehr weniger durch Pigment u. s. w. verdeckt werden.

Durch die Nichtberücksichtigung dieser Verhältnisse entstand die fehlerhafte Lehre über Hyperaemie der Chorioidealgefässe, über Entzündung der Chorioidea bei Glaucom etc., wobei man die Pigmentröthe für Blutröthe ansah; andererseits die falsche Lehre von der Atrophie der Chorioidea, wobei man die Pigmentarmuth, die Deckung der Chorioidealgefässe und des Pigmentes durch Exsudatplacques und andere Veränderungen in den verschiedenen, besonders den vorgelagerten Gewebsschichten, als Zeichen von Blutmangel, von Schwund der Gefässe und des Gewebes etc. annahm.

Der Bau und die Verbreitungsart der Centralgefässe zeigt im Allgemeinen eine ausserordentliche Regelmässigkeit und Gleichartigkeit in den verschiedenen Augen; demungeachtet prägt sich in Einzelnheiten und sohin im Gesammtausdrucke eine solche individuelle Verschiedenheit aus, dass nie ein Gefässsystem Eines Auges sich als identisch mit dem eines anderen erweist, ja, dass nur selten eine beinahe allseitige Uebereinstimmung der Gefässe beider Augen desselben Individuums angetroffen wird.

Die Arterien erscheinen durchschnittlich oberflächlicher gelagert, ein Viertel bis ein Drittel schmäler, mehr geradlinig verlaufend, von lichterer, mehr gelbrother Färbung und mit einem stärkeren Reflexe von ihrer Mitte aus versehen als die ihnen gleichwerthigen Venen, welche eine dunkel-zinnoberrothe Farbe besitzen.

Die Verschiedenheiten, welche innerhalb der physiologischen Breite an dem Centralgefäss-Systeme beobachtet werden, sind manigfaltige.

Die geringsten Differenzen ergeben sich in Bezug auf die Anzahl der Gefässe. Eine Vermehrung oder Verminderung der normalen Anzahl von Netzhautgefässen kommt äusserst selten vor, und ist in den angeblichen Fällen meist nur eine scheinbare — wobei die

Täuschung durch eine frühzeitigere oder spätere Theilung der Hauptstämme veranlasst wird.

Der so oft gehörte Ausspruch von dem grösseren oder geringeren Reichthume der Netzhaut an Gefässen beruht eben auf einem Verkennen der Verhältnisse oder einer Täuschung.

Je geringer die Bildgrösse und je weiter die Pupille ist, desto mehr Gefässe erblickt man im Bereiche des Sehfeldes; je stärker die Vergrösserung des ophthalmoskopischen Bildes und je kleiner die Pupille ist, desto weniger Gefässe überblickt man unter übrigens gleichen Verhältnissen auf einmal im Bereiche des Sehfeldes.

Die sicherste Methode, sich in dieser Beziehung vor Täuschungen zu bewahren, ist das Zählen der Gefässe in geringerem und grösserem Abstande vom Sehnervenkopfe im ganzen Umkreise desselben, oder das Abzeichnen des Gefässbaumes.

Eine erhebliche Verschiedenheit bei den Netzhautgefässen ergibt sich auch dadurch, dass sie in einigen Fällen auffallend mehr geschlängelt, in anderen Fällen mehr gestreckt, mehr geradlinig verlaufen.

Die beträchtlichsten individuellen Differenzen aber ergeben sich im Querdurchmesser der Gefässe.

Eine auffallende Breite oder Enge (Schmalheit) bloss eines Theiles des Gefässes, mit Ausnahme der Stelle des . Pylorus nervi optici, oder eines oder mehrerer ganzer Gefässe und ihrer Verzweigungen kommt selten vor. Meistens zeigt das ganze Centralgefäss-System eine übereinstimmende Mächtigkeit in der Entwickelung, wobei sich bei den verschiedenen Individuen Unterschiede in auf- und absteigender Richtung von einem Viertel-, Drittel-, selbst einem Halb-Querdurchmesser ergeben, so dass in einzelnen Fällen die Gefässe gerade den doppelten Durchmesser ausweisen, als in anderen.

Hiebei ist aber wohl darauf zu achten, ob die Gefässe nicht bloss desshalb breiter erscheinen, weil sie flacher gebaut sind, d. i. einen geringeren Tiefendurchmesser (in paralleler Richtung mit der Sehlinie) besitzen; oder umgekehrt, ob die Gefässe nicht bloss desshalb schmal erscheinen, weil ihr Tiefendurchmesser auffallend grösser ist.

Durch diese Differenzen in den Querdurchmessern der Gefässe ist vor Allem der Nachweis und die Schätzung der im Centralgefäss-Systeme auftretenden Hyperaemien und Anaemien erschwert.

Zu einer richtigen Beurtheilung der Durchmesser der Gefässe ist es in erster Linie nothwendig, die gegebene dioptrische Einstellung des zu untersuchenden Auges mittelst des Augenspiegels genau zu bestimmen, und sohin die Bildgrösse des ophthalmoskopischen Bildes festzustellen; erst hiernach darf man zu einer Würdigung der Grössenverhältnisse der einzelnen Theile des Bildes schreiten, wobei in Betreff der Gefässe ihre Entwickelung im übrigen Körper, ihr Durchmesser gegenüber dem der Sehnervenscheibe, die Breite des Reflexes gegenüber dem Durchmesser des Gefässes überhaupt sowie gegenüber der Breite der beiderseitigen dunklen Contouren u. s. w. weitere Anhaltspunkte abgeben.

Zu einer richtigen Schätzung der Grössenverhältnisse der Gefässe und der an ihnen hervortretenden Veränderungen gehört sonach immerhin einige Uebung und Erfahrung im Ophthalmoskopiren.

Die Mächtigkeit des Centralgefäss-Systemes steht keineswegs in constantem Verhältnisse zum Baue, zur Entwickelung und zu den Ernährungsverhältnissen des Gesammtorganismus; man findet oft bei mächtigem Körperbaue und günstigster Ernährung ein sehr zartes Gefäss-System, sowie bei zartem Körperbaue und hagerem Aussehen auffallend starke Gefässe bei übrigens gleicher Leistungsfähigkeit der Augen.

In der grösseren Zahl der Fälle dagegen scheint die Entwickelungsart des Centralgefäss-Systemes mit der des übrigen Körpers, insbesondere des Gehirnes übereinzustimmen — was somit in vielen Fällen einen ziemlich verlässlichen Rückschluss auf das Verhalten der Gefässe im Centralnervenorgane gestattet.

Eine weitere sehr beachtenswerthe Verschiedenheit ergibt sich wiederholt im Verhältnisse der Durchmesser der Arterien zu jenen der Venen, indem in einzelnen Fällen die ersteren kaum weniger breit sind und ebenso geschlängelt verlaufen als die letzteren, in anderen Fällen hingegen die Venen mit oder ohne starke Schlängelung einen doppelt so grossen Durchmesser wie die Arterien zeigen.

Da die Raschheit der Blutbewegung und die Grösse der Blutfläche, welche sich im Contact mit dem Gewebe befindet, unter übrigens gleichen Verhältnissen von dem Caliber der Gefässe abhängt, so ergibt sich hier die Frage: ob eine derartige Verlangsamung oder Beschleunigung in der Blutbewegung, eine derartige Vergrösserung oder Verkleinerung der Blutoberfläche der Arterien gegenüber derjenigen der Venen (wie sie ja durch diese Differenzen im Durchmesser hervorgerufen werden), nicht manche der gegebenen Verschiedenheiten in der Ernährung veranlasst, ja selbst bei mächtiger Entwickelung die Disposition zu manchen krankhaften Vorgängen erklärt?

Ein genaueres Verfolgen dieser Verhältnisse dürfte nicht ohne Werth erscheinen.

Thatsächliche Verschiedenheiten in der Farbe des arteriellen und venösen Blutes im Allgemeinen oder in ihrer gegenseitigen Differenz, kommen unter physiologischen Verhältnissen durchschnittlich nur in geringem Masse vor. Wo solche Verschiedenheiten auffallend hervortreten, sind sie meistens nur scheinbare u. zw. veranlasst durch Contrastwirkungen bei der unterschiedlich lichteren oder dunkleren Färbung des Augengrundes im Allgemeinen oder durch die geringere oder grössere Lichtintensität und Breite des Reflexes von der Gefässmitte aus, sowie durch die wirklichen oder scheinbaren Grössenverhältnisse der Gefässe.

Je grösser der Tiefendurchmesser des Gefässes und je stärker daher im Allgemeinen ein Gefäss ist, desto dunkler erscheint das Blut; je stärker dagegen die durch den Spiegel erzielte Vergrösserung des Bildes ist, desto lichter erscheinen die Blutsäulen.

Einen mehr oder weniger erheblichen individuellen Unterschied zeigt häufig der Reflex (das Spiegel-Reflexphaenomen) von der Mitte der Blutsäulen.

Derselbe tritt unter physiologischen Verhältnissen stets an jenen Stellen der Gefässe hervor, welche senkrecht zur Sehrichtung des beobachtenden Auges gelagert sind.

Dieser Gefässreflex erscheint intensiver und breiter an den stärkeren, verhältnissmässig schwächer und schmäler an den kleineren Gefässen, und ist bei günstigen Beleuchtungsverhältnissen bis in die feinsten Gefässverzweigungen zu verfolgen. Er ist im Allgemeinen auffallend lichtstärker, breiter, schärfer begrenzt und von lichterer Farbe an den Arterien als an den Venen.

Die individuellen Verschiedenheiten, welche dieser Reflex unter physiologischen Verhältnissen ergibt, beziehen sich auf seine Intensität und Gleichmässigkeit, Breite, Begrenzungsart und Färbung an und für sich, sowie auf deren Verhältniss bei den Arterien gegenüber den Venen.

Der Reflex erscheint unter übrigens gleichen Verhältnissen um so lichtschwächer, je günstiger die Ernährungsverhältnisse sind; er tritt um so gleichmässiger und schärfer begrenzt hervor, je durchsichtiger und gleichmässiger den Dichtigkeitsverhältnissen nach, die Gefässwandungen, die vorgelagerten Netzhautschichten und die Medien des Auges sind; er zeigt um so bestimmter eine schwach röthliche Färbung, je dunkler die Blutfarbe ist; er erscheint um so breiter bei gleichzeitiger Verschmälerung der beiderseitigen dunklen Contouren, je flacher das Gefäss gebaut, d. i. je grösser der Breitendurchmesser desselben gegenüber dem Tiefendurchmesser ist.

Ueberwiegt der Tiefendurchmesser gegenüber dem Breitendurchmesser, so wird der Reflex verhältnissmässig schmäler und werden die beiderseitigen dunklen Contouren im Verhältnisse breiter.

Aus der Breite des Reflexes und der dunklen Contouren unter sich und im Verhältnisse zum Breitendurchmesser der Blutsäule, lässt sich somit die Form des Querschnittes der letzteren bestimmen.

In der ersten Zeit meiner Augenspiegeluntersuchungen, war ich der Meinung [1]), dass der Reflex durch die Vorderfläche der Gefässwand erzeugt werde.

Weitere und eingehendere Untersuchungen überzeugten mich jedoch schon kurze Zeit nachher, dass der Reflex von der Vorderfläche der Blutsäule ausgeht.

Als ich daher späterhin die Daten für die Herstellung eines physikalischen Beweises gesammelt hatte, sprach ich mich im Gegensatze zu meiner früheren Ansicht stets für die Strahlenreflexion von Seite der Blutsäule aus, und erwähnte derselben auch in meinem Handatlasse [2]).

Dr. Edw. Loring [3]) ist der Ansicht, dass die den Reflex erzeugenden Lichtstrahlen theilweise vielleicht von der hinteren Gefässwand, hauptsächlich aber von den dahinter liegenden Geweben reflectirt werden.

---

[1]) Siehe meine Ergebnisse der Untersuchung des menschlichen Auges mit dem Augenspiegel. Vorgelegt in der Sitzung der math. = naturw. Classe der kaiserl. Akademie der Wissenschaften am 27. April 1854, pag. 12. (Sitzungsberichte Bd. XV, Seite 319).

[2]) Siehe meinen ophthalmoskopischen Handatlas. Wien, 1869, pag. 32. Anmerkung 2.

[3]) Dr. Edw. Loring in New-York. Archiv für Augen- und Ohrenheilkunde. Carlsruhe 1871. 2. Bd. Abth. 1. pg. 202.

4 *

Dr. Schneller[1]) hält den Reflex für Spiegelbilder der Lichtquelle, entworfen durch die vordere Gefässwand.

Prof. Otto Becker[2]) endlich, glaubt durch die Ergebnisse seiner Untersuchungen am Mesenterium des Frosches unter dem Mikroskope (bei durchfallendem Lichte) einen weiteren Beleg für die Loring'sche Ansicht gefunden zu haben.

Dass der Reflex unter physiologischen Verhältnissen nicht durch irgend eine bestimmte Fläche oder durch das Gewebe überhaupt erzeugt werde, welches hinter den Netzhautgefässen gelagert ist, ergibt sich aus Folgendem:

1. Dass die Lichtstärke und Färbung desselben unter übrigens gleichen Verhältnissen ganz unverändert bleibt, wenn das Gefäss über ein anderes, z. B. eine Arterie über die dunklere Vene hinüberstreicht; wenn es über einen helleren oder dunkleren Augengrund verläuft; oder wenn demselben die stark reflectirende Lamina cribrosa, oder der mattgelbrothe Theil des Augengrundes, ein weisslicher Exsudat-Placque oder rothbraune selbst schwärzliche compacte Pigmentmassen unterliegen.

Im letzteren Falle, in welchem die beiden dunklen röthlichen Contouren der Blutsäule sich leicht dem Blicke entziehen, ist häufig der Verlauf des Gefässes allein nur durch den Reflex zu erkennen — wobei letzterer durch Contrastwirkung oft in sehr auffallendem Grade licht intensiv erscheint.

2. Dass die Blutsäulen einen sehr intensiven Kernschatten auf die unterliegenden Gebilde werfen.

Dieser Schatten ist nicht nur entoptisch wahrnehmbar, sondern auch unter gewissen Verhältnissen mittelst des Spiegels direct zu beobachten.

Verläuft nämlich ein Netzhautgefäss in einem erheblichen Abstande von einer pigmentarmen und daher stark lichtreflectirenden Stelle der Chorioidea und Sclerotica, oder von letzterer allein (wie man es wiederholt, z. B. beim Coloboma Chorioideae oder bei Scleroticalectasien beobachtet): so erblickt man bei dem Zusammenfallen der Axenrichtung des Spiegels mit der Sehrichtung des beobachten-

---

[1]) Dr. Abrecht von Gräfe's. Archiv für Ophthalmologie. B. 18. Abth. 1. pag. 119. Berlin, 1872.

[2]) Ebendaselbst. Berlin, 1872. B. 18. Abth. 1. pg. 283.

den Auges, in gewohnter Weise die rothe Blutsäule scharf begrenzt auf dem hellen Grunde; führt man aber sonach mit dem Spiegel leicht drehende Bewegungen aus, und sieht man nahe dem Rande der Sehöffnung im Spiegel bald auf der einen, bald auf der andern Seite vorbei in den Augengrund, so nimmt man bald einer- bald anderseits von der Blutsäule, oder auch abwechselnd nach beiden Richtungen hin, das Hervortreten eines dunklen, scharfbegrenzten Schattenbildes der Blutsäule von einer mit dieser übereinstimmenden Breite auf dem hellen Hintergrunde wahr.

Unter günstigen Verhältnissen kann der Schatten selbst 2 bis 3 Gefässdurchmesser weit von der Blutsäule abgelenkt werden.

Beobachtet man nun die Intensität dieses Schattens, so ist es gewiss für jeden Beobachter unbestritten, dass die rothe Blutsäule alle direct vom Spiegel auf sie gelenkten Strahlen beinahe vollständig reflectirt und absorbirt, und dass weiters das wenige Licht, welches von dem beschatteten Hintergrunde der Blutsäule zurückgeworfen wird, letztere nicht mehr nach vorwärts zu durchdringen vermag.

Wäre daher kein anderes Moment für die Entstehung des Reflexes, als die Strahlenreflexion vom Hintergrunde der Blutsäule gegeben, so würde diese stets gleichmässig roth gefärbt erscheinen.

Nach dem Erwähnten kann sonach der Reflex nur durch das Gefäss selbst hervorgerufen sein.

Da die hintere Gefässwand aus denselben Gründen wie der übrige Gefässhintergrund ausser Rechnung kommt, so sind nur zwei Möglichkeiten gegeben: Entweder spiegelt die Vorderfläche der Gefässwand, oder die Vorderfläche der Blutsäule.

Dass die Vorderfläche der Gefässwand den gewöhnlichen, physiologischen Gefässreflex nicht erzeugt, ergibt sich aus folgenden Momenten:

1. Verschwindet der Reflex, wenn das Gefäss blutleer wird, z. B. bei vollständiger Embolie oder bei starkem Fingerdruck auf den Bulbus.

In solchen Fällen erblickt man den Augengrund durch die Gefässwand hindurch in ganz gleicher Weise gefärbt und erhellt, wie er seitlich neben den Gefässen gefärbt und erhellt ist; von der Gefässwand aber findet man kaum irgend eine Andeutung.

2. Wäre die Gefässwand durch die Art der Bildung und der Schichtung ihres Gewebes weniger durchsichtig als die übrigen Ge-

webselemente der Netzhaut, so müsste die Gefässwand nicht nur in diesem Verhältnisse einen wesentlichen Einfluss auf die Färbung der Blutsäule ausüben, sondern sie müsste auch zu beiden Seiten der Blutsäule mehr weniger deutlich sichtbar sein — was Beides unter physiologischen Verhältnissen eben nicht der Fall ist.

3. Wäre die Gefässwand in gleichem Grade durchsichtig, wie die übrigen Gewebs-Elemente der Netzhaut, besässe sie jedoch einen wesentlich anderen Brechungscoefficienten wie dieser, so müsste:

a) die Gefässwand im Allgemeinen ebenso sichtbar sein, wie z. B. ein durchsichtiger Glasstab oder ein Glasrohr in einem ebenfalls durchsichtigem Medium, aber von abweichendem Brechungsexponenten, — was man nicht beobachtet;

b) müssten die beiderseitigen Ränder (äusseren Contouren) der Gefässwandungen sich in Folge der Strahlenablenkung als dunkle Linien markiren, wie es z. B. bei Glasstäben oder Röhren im obigen Falle zu sehen ist, und wie sich bei stark erweiterter Pupille der Rand des Linsensystems, bei der Spiegeluntersuchung als dunkle Linie ausprägt — was ebenfalls nicht wahrzunehmen ist;

c) müssten die vom Augengrunde (der Chorioidea oder Sclerotica) reflectirten Lichtstrahlen, insoweit sie durch die Gefässwand, seitlich von der Blutsäule hindurchdringen, von ihrer ursprünglichen Richtung abgelenkt werden, d. h. sie könnten nicht die gleiche Richtung beibehalten wie die vom Augengrunde reflectirten Lichtstrahlen, welche in den Zwischenräumen der Gefässe die Netzhaut nach vorne durchdringen, wodurch eine Verschiebung, eine Verzerrung der Einzelheiten im Bilde des Augenhintergrundes veranlasst würde — was ebensowenig der Fall ist.

Dass die Gefässwandungen die Lichtstrahlen nicht in wesentlich anderer Weise brechen, als die übrigen die Gefässe umgebenden Netzhautelemente. ersieht man unter anderem in sehr deutlicher Weise bei genauer Betrachtung des Reflexes des unterliegenden Gefässes bei sich kreuzenden Gefässen.

Zu diesem Behufe wähle man sich ein gesundes, normal gebildetes Auge, und suche eine Stelle im Augengrunde, woselbst zwei Netzhautgefässe ohne von ihrer Richtung abzuweichen, sich unter einem stumpfen oder rechten Winkel kreuzen, und dabei senkrecht auf die Sehlinie des Beobachters verlaufen.

Am Leichtesten ist die Beobachtung anzustellen, wenn die Gefässe einen grösseren Durchmesser besitzen, und das unterliegende Gefäss eine Arterie ist.

Verfolgt man nun den Reflex des unterliegenden Gefässes von seinem unbedeckten Verlaufe aus bis zur Stelle der Kreuzung mit dem oberflächlichen Gefässe, so erblickt man den Reflex unverändert in seiner Breite, Begrenzung, Färbung und Lichtintensität bis an die rothe Blutsäule des oberflächlichen Gefässes heranreichen, und nur eine äusserst schmale, farblose, häufig aber auch nicht deutlich erfassbare Linie trennt den Reflex von dem äusseren Rande der rothen dunklen Seitencontour der Blutsäule.

Man sieht demnach den Reflex des unterliegenden Gefässes ebensogut und unverändert d u r c h d i e G e f ä s s w a n d u n g des oberflächlichen Gefässes hindurch wie an den u n b e d e c k t e n Stellen.

Besässe die Gefässwand (des oberflächlichen Gefässes) ein erheblich anderes Brechungsvermögen, als die in gleicher Ebene liegenden übrigen Netzhautelemente, welche dem unbedeckten Theile des tiefer gelegenen Gefässes übergelagert sind, so würde der Reflex des letzteren nur bis an den ä u s s e r e n R a n d d e r G e f ä s s w a n d des oberflächlichen Gefässes heranreichen; derselbe könnte bei unveränderter Stellung des Beobachters und Spiegels nicht gleichzeitig auch durch die Gefässwand hindurch gesehen werden.

Man würde aber weiters unter solchen Verhältnissen den Reflex d u r c h d i e Wandungen des überlagernden Gefässes erblicken, wenn man den Kopf und Spiegel, (je nachdem die Gefässwand einen höheren oder niedrigeren Brechungsexponenten als die übrigen Netzhautelemente besässe) nach der einen oder anderen Seite verrücken wollte — wobei jedoch der Reflex von dem u n b e d e c k t e n Theile des unterliegenden Gefässes augenblicklich verschwinden würde.

Diese Erscheinungen kann man leicht experimentel feststellen.

Zu diesem Zwecke nehme man zwei mit verschiedener rother Flüssigkeit gefüllte, möglichst reine Glasröhren, und eine durchsichtige Flüssigkeit von gleichem oder nahezu gleichem Brechungsvermögen wie das Glas der Röhre.

Die Stärke der Glasröhren kann eine beliebige sein; doch treten die Erscheinungen umso auffallender hervor, je grösser der Durchmesser der Röhre, insbesondere je stärker deren Wanddicke ist.

Man wähle daher z. B. eine Glasröhre von 6 bis 8 mm. Dicke und 5 bis 6 Decim. Länge, bei welcher der Durchmesser der Wand nahezu dem der Höhlung gleichkommt.

Da die im Handel vorkommenden Glasröhren und die weiters hier zu verwendende Flüssigkeit einen sehr variablen Brechungsexponenten besitzen, so dürfte man in der Wahl beider am schnellsten zu einem günstigen Resultate gelangen, wenn man Glasröhren verschiedener Fabriken der Reihe nach in Flüssigkeiten von hoher Brechkraft eintaucht; je mehr der Brechungsexponent beider sich nähert, desto weniger ist die Gläsröhre in der Flüssigkeit sichtbar, um so schwächer wird insbesondere die beiderseitige Randcontour des Glasrohres.

Eine volle Uebereinstimmung der Brechungscoefficienten ist zum Gelingen des Experimentes nicht nöthig; es genügt hiezu schon eine Annäherung der Brechungsverhältnisse, bei welcher im durchfallendem Lichte die dunkle Randcontour des Glasrohres verschwindet; letzteres ist dann noch im Allgemeinen, wenn auch sehr unbestimmt zu erkennen.

Bei dem mir zu Gebote stehendem Materiale, fand ich die grösste Uebereinstimmung bei einem Glasrohre aus einer böhmischen Fabrik, und Kreosot.

Als rothe Flüssigkeit kann man unterschiedlich intensiv gefärbte, wässerige oder weingeistige Carminlösungen oder andere Farbstofflösungen verwenden, u. z. von solcher Farbintensität, dass sie, je in ein Glasrohr gefüllt, bei durch- und auffallendem Lichte nahezu die Färbungen und Differenzen der normalen arteriellen und venösen Blutsäule in der Netzhaut wiedergeben.

Die gefüllten Glasröhren werden, rechtwinkelig übereinander gekreuzt, auf einem länglichen Brettchen befestigt, welches die Färbung des normalen Augengrundes besitzt.

Zur Ausführung des Experimentes stelle man das Brettchen mit den Glasröhren in einem dunklen Gemache senkrecht auf, u. z. gleich hoch mit der Flamme einer Lampe, wie man sie zu Augenspiegeluntersuchungen verwendet, trenne aber beide (d. i. die Glasröhren und die Lampe) durch einen Schirm, so dass dieser die Glasröhren vollkommen beschattet.

Nimmt man nun einen gewöhnlichen lichtschwachen oder besser einen lichtstarken Augenspiegel zur Hand, beleuchtet mit demselben die Glasröhren und sieht durch die Spiegelöffnung hindurch senkrecht auf die Längsrichtung der Glasröhren, so nimmt man natürlicherweise nicht nur die durchsichtige Glaswand der Rohre, begrenzt durch eine dunkle breite Linie auf beiden Seiten und die rothen Flüssigkeitssäulen, sondern auch bei entsprechender Stellung des Spiegels, in der Mitte beider Glasröhren und daher ebenfalls in

der Mitte der rothen Flüssigkeitssäulen, einen intensiven streifenför-
migen Reflex, wie auch zwei helle Linien im Bereiche der dunklen
Randcontouren der Glasröhren wahr.

Der mittlere Reflex wird durch Strahlen erzeugt, welche überwiegend von der Vorderfläche der Glasröhren, anderentheils von'der
Vorderfläche der in ihnen eingeschlossenen rothen Flüssigkeitssäulen
regelmässig reflectirt werden.

Dieser mittlere Reflex der vorderen Glasröhre kann durch
leichte seitliche Verschiebungen des Kopfes und Spiegels (gleichwie
die hellen Seitenlinien) der ganzen Länge des Rohres nach, und
daher auch über die Kreuzungsstelle beider Rohre unbeschadet seiner
Intensität und Continuität, weiter geleitet werden.

Der mittlere Reflex des hinteren Glasrohres dagegen ist,
(ebenso wie die hellen Seitenlinien) in unveränderter Intensität
und Continuität nur an jenen Theilen des Rohres wahrzunehmen,
welche durch das vordere Glasrohr nicht gedeckt werden, und zwar
reicht der Reflex zu beiden Seiten unmittelbar bis an den Rand
(äussere Wandfläche) des vorderen Rohres heran.

Bei sehr lichter Färbung der rothen Flüssigkeitssäule der vorderen Glasröhre und grosser Licht-Intensität des Spiegels nimmt man
den Reflex des hinteren Rohres wohl auch im Bereiche der vorderen rothen Flüssigkeitssäule in geringerer oder grösserer Ausdehnung
wahr; derselbe ist jedoch auffallend lichtschwach, intensiv roth gefärbt und durch breite reflexlose Stellen, entsprechend der Wanddicke des vorderen Glasrohres, von dem Reflexe des unbedeckten
unteren Glasrohres getrennt.

Hat man sich von diesen eben angegebenen Verhältnissen genau
überzeugt, so nehme man ein hinlänglich breites und hohes Gefäss
(z. B. ein flaches Trinkglas), dessen Vorderwand durch eine ebene
Glasfläche gebildet wird und fülle dasselbe mit Wasser.

Stellt man in dieses Gefäss das Brettchen mit den Glasröhren,
und wiederholt man durch die ebene Glasfläche des Gefässes hindurch die früheren Versuche mit dem Spiegel, so wird man die
gleichen Resultate wie vorhin gewinnen, mit alleiniger Ausnahme
folgender Abweichungen:

1. Die durchsichtigen Glaswände der Glasröhren sind weniger
deutlich zu erkennen, die dunklen Randcontouren derselben treten
schwächer hervor, und die hellen Linien im Bereiche der letzteren
sind entweder gar nicht oder nur sehr zart zu sehen.

2. Der Reflex von der Mitte beider Glasröhren ist auffallend schwächer u. z. auf Kosten der Strahlenreflexion von der Vorderfläche der Glasröhren, und

3. man nimmt nun diesen Reflex des unteren Glasrohres auch im Bereiche der Wanddicke des vorderen Glasrohres wahr, wenngleich bedeutend lichtschwächer. Dabei wird derselbe noch durch die dunklen Randcontouren der vorderen Glasröhre von dem Reflexe des unbedeckten Theiles des unteren Glasrohres getrennt.

Statt des Wassers kann man auch irgend eine andere Flüssigkeit mit einem von dem Glase verschiedenen Brechungsvermögen, oder auch mehrere Flüssigkeiten von unterschiedlichem Brechungsexponenten abwechselnd in das Gefäss schütten und jedesmal das Experiment mit dem Spiegel vornehmen, um hiedurch in einer aufsteigenden Reihe von Fällen, die sich ergebenden Veränderungen genau zu verfolgen.

Zum Schlusse fülle man das Gefäss mit der früher ausgesuchten Flüssigkeit (Kreosot) von gleichem oder nahezu gleichem Brechungscoefficienten mit dem der Glasröhren und wiederhole die Spiegeluntersuchung, nachdem man auch in diese Flüssigkeit das Brettchen mit den Glasröhren eingesenkt hat.

Man wird nun 1. die durchsichtige Glaswand der Röhrchen und deren dunkle Wandcontouren nicht mehr zu erkennen vermögen, dagegen deutlicher als früher die rothe Flüssigkeitssäule vor dem Brettchen wahrnehmen.

2. Es wird der Reflex in der Mitte der rothen Flüssigkeitssäule wesentlich schwächer sich erweisen.

Diese Abschwächung des Reflexes ist dadurch bedingt, dass die Vorderfläche der Glaswand der Röhrchen nun kein Licht mehr reflectirt (oder nicht genügend, um wahrgenommen zu werden), und dass sonach der Reflex allein durch jene Strahlen erzeugt wird, welche von der Vorderfläche der rothen Flüssigkeitssäule regelmässig zurückgeworfen werden.

Dass dem wirklich so sei, kann man leicht dadurch beweisen, dass man die rothe Flüssigkeit aus den Röhren entfernt, und sofort das Brettchen mit den nun offenen Glasröhren neuerdings in die eben gebrauchte durchsichtige Flüssigkeit (Kreosot) einsenkt. Wie nun diese Flüssigkeit nicht nur die Glasröhren umgibt, sondern auch in das Lumen derselben eindringt, verschwindet absolut jeder Reflex und man hat nicht die geringste Andeutung von dem Vorhandensein der Glasröhren auf dem Brettchen (weder von der Glaswand noch von der Hohlung der Röhren).

3. Wird man den Reflex von der unteren rothen Flüssigkeitssäule, ganz unverändert seiner Intensität und Continuität nach, bis unmittelbar an den Rand der oberflächlichen rothen Flüssigkeitssäule heranreichen sehen.

Im Bereiche der vorderen rothen Flüssigkeitssäule, ist keine Spur des Reflexes der hinteren rothen Flüssigkeitssäule zu bemerken; dagegen kann oben wie früher der Reflex der vorderen rothen Flüssigkeitssäule der ganzen Länge dieser Säule nach und also auch über der Kreuzungsstelle beider rothen Flüssigkeitssäulen, unverändert seiner Intensität und Continuität nach, weiter geleitet werden.

Der Reflex der hinteren rothen Flüssigkeitssäule wird sonach nicht mehr durch die Glaswand des oberflächlichen Rohres seitlich abgelenkt, und wird daher durch die Wanddicke der vorderen Glasröhren hindurch in ganz gleicher Weise wahrgenommen, wie an den anderen von der vorderen Glasröhre nicht bedeckten Stellen.

Aus diesen Experimenten geht also hervor, dass im lebenden Auge, da man den Reflex des unterliegenden Netzhautgefässes bis an den Rand der Blutsäule des oberflächlichen Gefässes in unveränderter Breite, Begrenzungsart, Färbung und Lichtintensität wahrnimmt, die Gefässwände mindestens nahezu die gleiche Durchsichtigkeit und denselben Brechungsexponenten besitzen, wie die übrigen den Gefässen vorgelagerten und dieselben umgebenden Netzhautelemente, sowie dass der Reflex durch die Vorderfläche der Blutsäule erzeugt wird.

Ein weiterer Beweis für diese Verhältnisse ergibt sich daraus, dass a) wie früher erwähnt, bei einem weiten Abstehen eines Netzhautgefässes von dem pigmentlosen hellen Augengrunde, auf letzterem allein der Kernschatten der Blutsäule zu beobachten ist,

Wäre die Gefässwand weniger durchsichtig, oder hätte sie einen erheblich höheren Brechungscoefficienten als die übrigen Netzhautelemente, so müsste man zu bei den Seiten des Kernschattens entweder einen schwächeren Schatten, entsprechend der Dicke der Gefässwand, oder eine hellere Linie wahrnehmen.

b) Dass in jenen Fällen, in welchen zufolge einer Bildungsanomalie oder eines pathologischen Vorganges die Gefässwandungen weniger durchsichtig sind, oder eine höhere Dichtigkeit besitzen als die übrigen Netzhautelemente, der Reflex des unterliegenden Gefäs-

ses in unveränderter Weise bloss bis zum äusseren Rande der vorgelagerten Gefässwand verfolgt werden kann.

Es ist übrigens einleuchtend, dass die verschiedenen Netzhautelemente den gleichen oder nahezu den gleichen Brechungsexponenten wie die Gefässwandungen besitzen müssen, wenn man das Resultat bedenkt, welches sich bei einer erheblichen Differenz hiebei
ergeben würde.

Bei der Unzahl der einzelnen Netzhautelemente, bei der ungeheuren Verschiedenheit derselben bezugs ihrer Form, Stellung
und Aneinanderreihung, ferner bei der Unregelmässigkeit der Begren-
zungsfläche der einzelnen Schichten, wie sie die Nervenfaserschichte, die
gangliösen, granulirten, die Faser- und Körner-Schichten ergeben, —
müsste bei wesentlich verschiedenem Brechungsvermögen derselben
eine so unendlich abweichende Strahlenbrechung, eine so massenhafte
Lichtzerstreuung und Spiegelung stattfinden, dass es nicht einzusehen
ist, wie überhaupt regelmässige Bilder zu Stande kommen könnten,
und wie die Netzhaut in so hohem Grade durchsichtig erscheinen
sollte.

Gegenüber diesem nahezu einheitlichen Brechungsvermögen der
Netzhaut ihrer ganzen Dicke nach, ergibt sich constant ein erheblich verschiedener und zwar geringerer Brechungscoefficient des Blutes, und in diesem Verhältnisse allein ist die Ursache
gelegen, dass an den Blutsäulen ein Reflex beobachtet wird.

—————————

Was die an den Blutsäulen der Netzhaut unter physiologischen
Verhältnissen wahrnehmbaren Bewegungserscheinungen anlangt, so
reduciren sich dieselben bei der gegebenen geringen Bildgrösse und
der Raschheit der Blutbewegung der Wesenheit nach auf die häufig
zu beobachtenden Pulsationserscheinungen (Druckphaenomen) an den
Venen im Bereiche des Pilorus nervi optici.

Diese, sowie die arteriellen Pulsationsphänomene habe ich
schon im Jahre 1854[1]) ausführlich beschrieben, und erlaube mir sonach hier nur noch auf den durch die Venenpulsation hervorgerufenen scheinbaren Arterienpuls hinzuweisen.

—————————

[1]) Siehe meinen Vortrag über die sichtlichen Blutbewegungen im
menschlichen Auge. Vorgetragen in der Facultätssitzung am 15. Jänner 1854,
abgedruckt in der Wiener med. Zeitschrift vom 21. und 28. Jänner und
4. Februar 1854.

Ich hatte denselben schon vor mehr als einem Jahrzehnt öfters beobachtet, und habe auf denselben in meinen Vorträgen wiederholt hingewiesen. Professor Becker [1]) hat denselben in neuerer Zeit ebenfalls beobachtet, wie aus seinen Mittheilungen im Archive für Ophthalmologie zu entnehmen ist.

Dieser scheinbare Arterienpuls wird in jenen Fällen beobachtet, wo eine Arterie unmittelbar vor jener Stelle einer Vene, welche das Venenpulsationsphaenomen zeigt, quer oder der Länge nach gelagert ist. Dehnt sich die Vene aus, so wird hiedurch die Arterie gehoben oder zur Seite gerückt; nimmt das Lumen der Vene wieder ab, so sinkt die Arterie in ihre ursprüngliche Lage zurück.

Liegt die Arterie auf jener, tiefer im Sehnerven befindlichen Stelle der Vene auf, welche bald normal gefüllt, bald mehr weniger blutleer erscheint, so wird die Arterie gehoben oder zur Seite gerückt und daher s c h e i n b a r a u s g e d e h n t zu jener Zeit, wo die Vene daselbst mit Blut normal gefüllt ist — also isochronisch mit der Herz-Diastole oder Arteriensystole; entgegengesetzt sinkt die Arterie wieder in ihre frühere Lage zurück, und nimmt s c h e i n b a r an Lumen ab zu jener Zeit, wo die Vene blutleerer scheint — also isochronisch mit der Herzsystole und Arteriendiastole.

Liegt dagegen die Arterie auf jener, der Sehnervenoberfläche näher gerückten Stelle der Vene auf, welche sich bei dem Leerwerder tieferen Stelle über das normale Maass ausdehnt, so wird die Arterie zur Zeit der Herzsystole gehoben oder zur Seite gerückt, d. i. s c h e i n b a r ausgedehnt, — also isochronisch mit der Diastole der übrigen Arterien; andererseits sinkt die Arterie wieder in ihre frühere Lage zurück, sie nimmt s c h e i n b a r an Lumen ab, zur Zeit der Herzdiastole — also isochronisch mit der Systole der übrigen Arterien.

— — — —

Auffallende Bildungsanomalien an den Netzhautgefässen kommen verhältnissmässig selten vor, und bestehen in einer früheren oder späteren Theilung der Hauptstämme und deren Aeste als sie gewöhnlich stattfindet; in einer Abweichung von der normalen Richtung während ihres Verlaufes und ihrer Verbreitung im Augengrunde, in einem mehr gestreckten oder geschlängelten, pfropfzieherartigen oder

[1]) O. von Graefe's Archiv für Ophtalmologie, Berlin 1872, B. 18, Abth. 1. pag. 270.

Schlingen bildenden Verlaufe; in einem auf das ganze Gefässsystem verbreiteten oder nur auf einzelne Gefässe beschränkten, erheblich grösseren oder kleineren oder überhaupt ungleichmässigen Querdurchmesser; oder endlich in einer von der Norm abweichenden Zahl der Gefässe.

Eine Vermehrung der Zahl von Netzhautgefässen kommt sehr selten vor. Häufiger beobachtet man eine abnorm geringere Anzahl von Gefässen, oder auch eine rudimentäre Entwicklung, beschränkt auf einzelne Stämme und Zweige oder verbreitet über das ganze Centralgefässsystem.

Eine weitere, u. z. häufig zu beobachtende Bildungsanomalie an den Netzhautgefässen, betrifft die Gefässwand.

Dieselbe besitzt, wie früher nachgewiesen, in der Regel eine nahezu glasartige Durchsichtigkeit und einen gleichen Brechungsexponenten wie die übrige Netzhaut. In vielen Fällen nun findet man in beiden Richtungen entweder auf kleineren oder auf grösseren Strecken, selten jedoch mehr verbreitet, erhebliche Abweichungen.

Die Verminderung der Durchsichtigkeit der Gefässwände steigert sich von nur schwer zu erfassenden Andeutungen an bis zur vollen Undurchsichtigkeit.

Sie hält gemeiniglich gleichen Schritt mit dem Sichtbarwerden einer äusserst zarten oder auch dichteren, nebelartigen Trübung. Diese Trübung breitet sich in der Gefässwand entweder mehr gleichmässig oder wolkenartig ungleichmässig aus, oder sie weist eine zarte Körnung, Punktirung oder eine kürzere oder längere Streifung aus, welch' letztere der Quer- oder Längenrichtung des Gefässes entspricht, oder endlich sie bietet eine volle Unregelmässigkeit dar.

Mit diesen auf die Gefässwand beschränkten Trübungen dürfen nicht jene schleierartigen oder streifigen Trübungen verwechselt werden, welche ihren Sitz in den vor den Gefässwandungen gelagerten Gewebstheilen der Netzhaut, insbesondere in der Optikusausbreitung haben, und sohin nicht nur im Bereiche der Gefässe, sondern auch mehr weniger weit über diese hinaus in der Netzhautfläche verfolgt werden können, und die Gefässe mehr oder weniger undeutlich, ja stellenweise vollkommen unsichtbar machen können.

Die in der Gefässwand selbst auftretenden Trübungen zeigen meistens eine vollkommen unregelmässige Ausbreitung und erscheinen entweder mehr weniger scharf abgegrenzt, oder gehen allmälig in die durchsichtigen Partien über.

Sie haben gewöhnlich eine weissliche, grauweisse, gelbweisse oder verschieden intensiv bräunliche, braunröthliche Färbung und dabei ein mattes, nebelartiges, durchscheinendes Ausehen; oder sie erweisen sich als derb, vollkommen undurchsichtig, stark licht-reflectirend oder auch als seidenartig glänzend.

Sie treten, oft nur auf ganz kleine Stellen beschränkt, oft bloss einseitig in der Gefässwand auf; in anderen Fällen hingegen findet man sie über die ganze Breite des Gefässes ausgedehnt. Sie kommen vollkommen unregelmässig an dem einen oder dem anderen Gefässe vor, entweder bloss an einer oder gleichzeitig an mehreren Stellen eines und desselben Gefässes u. zw. über eine kürzere oder längere Strecke ausgedehnt. Sie sind peripher im Augengrunde seltener, in der Umgebung des intraoculären Seh-nervenendes häufiger und mächtiger, im Bereiche des Sehnerveu-kopfes dagegen gemeiniglich am deutlichsten und häufigsten anzu-treffen.

Durch diese Trübungen tritt die Gefässwand bloss andeutungs-weise oder deutlich ausgeprägt hervor u. zw. gewöhnlich nur zu beiden Seiten der rothen Blutsäule, in anderen Fällen aber auch ihrer ganzen Breite nach. Durch die Trübungen wird auch ent-sprechend ihrer Art und Intensität, der Reflex der Gefässmitte ab-geschwächt oder verstärkt, aber auch wiederholt an auf- und ab-steigenden d. i. schief zur Sehrichtung des Beobachters gestellten Gefässen, sichtbar. Durch diese Trübungen erhält ferner die Blut-säule eine unterschiedlich lichtere oder grauröthliche, graubräunliche Färbung, sowie häufig die Blutsäule und der Reflex ein gekörntes oder streifiges Ansehen.

Endlich wird durch diese Trübungen der Reflex des unter-liegenden Gefässes im Bereiche der vorderen Gefässwand abgeschwächt. undeutlich, ja sogar vollständig unsichtbar gemacht.

Wie in Rücksicht auf die Durchsichtigkeit, ergeben sich auch nicht selten Veränderungen rücksichtlich des Brechungsver-mögens der Gefässwände.

Durch letztere treten nämlich die Gefässwände ebenfalls mehr oder weniger erkennbar, jedoch in einer wesentlich anderen und eigenthümlichen Art hervor.

Die rothe Blutsäule erscheint auf der einen Seite oder beiderseits auf kürzeren oder längeren Strecken von bandartigen, der Dicke der Gefässwand entsprechenden Streifen begleitet, welche wohl glasartig durchsichtig sind, aber eine veränderte, eigenthümliche Färbung gegenüber dem übrigen Augengrunde besitzen, gleichsam als wären sie weniger erhellt oder in Schatten gestellt oder in Art eines sehr lichten Rauchtopases gefärbt.

Unter solchen Verhältnissen verschwindet beinahe stets im Bereiche der vorderen Gefässwand der Reflex des unterliegenden Gefässes, und wird meistens der Reflex des bezüglichen Gefässes mehr oder weniger verstärkt.

Sind derartige Bildungsanomalien des Gefäss-Systemes nur in sehr mässigem Grade und in geringer Ausdehnung entwickelt, so findet man nur äusserst selten gleichzeitig eine erhebliche Verbildung in den übrigen Netzhautelementen, und sofort eine auffällige funktionelle Störung von Seite der Retina.

Anders verhält es sich mit den hochgradigeren und über einen grösseren Theil des Gefäss-Systemes verbreiteten Bildungsanomalien, besonders wenn sich dieselben durch eine geringere, unregelmässige Mächtigkeit in ihrer Entwickelung, durch eine geringere Anzahl, durch abweichenden Verlauf und abnorme Vertheilung im Augengrunde charakterisiren. In diesen Fällen sind meistens gleichzeitig mehr weniger wesentliche Bildungsanomalien in den übrigen Netzhautelementen und somit erhebliche Störungen in Bezug auf die Art, Grösse und Dauer der funktionellen Leistung seitens der Retina gegeben.

Allgemein bekannt sind die Unregelmässigkeiten in der Gefässbildung bei Coloboma, Opticustheilung [1] etc.; weniger beachtet dagegen die relativ geringeren, nur bei genauer Untersuchung dem geübten Auge erkennbaren Bildungsanomalien — und gerade diese müssen in praktischer Beziehung wohl berücksichtigt werden.

Ein geübter Ophthalmoskopiker vermag aus ihnen allein mit ziemlicher Genauigkeit die Art und Grösse der funktionellen Störung zu schätzen; wo hingegen bei ihrer Nichtberücksichtigung der Grund der Funktionsabweichung anderswo, häufig in dem Bestehen irgend eines krankhaften Vorganges gesucht und angenommen wird.

---

[1] Siehe meinen ophthalmoskopischen Handatlas, Wien 1869, Fig. 35, 86, 87, 88 und Beiträge zur Pathologie des Auges, 1. Auflage 1855 etc. Taf. XXII, LVI, LVII, LVIII, 2. Auflage, Wien 1870. Taf. III, XLIV, XLV, XLVI.

So manche Beschränkung in der Leistungsfähigkeit des Auges bezugs der Funktionsdauer und Bildgrösse sowie in Folge der Unregelmässigkeit des Netzhautbildes, so manche abnorme Differenz zwischen centralem und excentrischem Sehen, so manche Einengung oder Lückenhaftigkeit des Sehfeldes u. s. w. hat ihren Grund in solchen weniger berücksichtigten Bildungsanomalien, und werden solche Fälle, wie ich es wiederholt beobachtete, irrthümlicher Weise einer medicamentösen, selbst operativen Behandlung unterworfen.

— — —

Verfolgt man die Veränderungen im Centralgefäss-Systeme. welche sich bei der Entwickelung und dem Ablaufe verschiedener physiologischer wie pathologischer Vorgänge im Auge, sowie in anderen Organen des menschlichen Körpers mehr oder weniger häufig, ja als charakteristische Symptome derselben ergeben, so macht sich dem Beobachter in erster Linie eine geringere oder grössere Verschiedenheit im Quer- und Längendurchmesser der Gefässe, sowie in Betreff eines mehr gestreckten oder geschlängelten Verlaufes bemerkbar.

Um in der Schätzung der Mächtigkeit der Gefässe nicht getäuscht zu werden, ist bei pathologischen Vorgängen in noch höherem Grade als unter physiologischen Verhältnissen, eine genaue Bestimmung der dioptrischen Einstellungsverhältnisse des Auges und sofort der Bildgrösse des Augengrundes im Allgemeinen wie seiner einzelnen Theile unbedingt nothwendig.

Unter pathologischen Vorgängen verändern sich nämlich häufig die dioptrischen Einstellungsverhältnisse im Verlaufe einer kürzeren oder längeren Zeit, ja innerhalb weniger Tage oder selbst Stunden in unterschiedlicher und selbst entgegengesetzter Weise; insbesondere ist die Bildgrösse der einzelnen Gewebstheile im Augengrunde je nach der Lagerung und Stellung derselben in Folge der sich ergebenden Gewebsschwellung und in Folge sonstiger Veränderungen eine sehr abweichende.

So ist z. B. die Bildgrösse eines Gefässes oder Gefässabschnittes um so grösser, je tiefer gelagert — und um so kleiner, je oberflächlicher situirt, d. i. je stärker gegen das Centrum des. Auges hervorgerückt das Gefäss ist.

Es ergeben sich hiebei Unterschiede in der Bildgrösse ebenso mächtig, wie dieselben überhaupt unter physiologischen Verhältnissen je nach der Form- (Bau-) und Accommodations-Einstellung des Auges vorkommen.

Die thatsächlichen Veränderungen am Durchmesser der Gefässe treten entweder nur an einzelnen Gefässen u. zw. entweder nur an kürzeren oder längeren Strecken, oder aber in der ganzen Ausdehnung derselben auf; sie können aber ebensowohl über das ganze arterielle oder venöse System oder über beide gleichzeitig verbreitet sein — in welch' letzterem Falle sie sich entweder in einem einheitlichen oder aber in entgegengesetztem Sinne entwickeln.

Die auf eine k l e i n e S t r e c k e der arteriellen wie venösen Gefässe beschränkte Erweiterung des Lumens, wie z. B. die aneurysmatische, varicöse etc., oder die auf eine kleine Strecke beschränkte Verengerung der Gefässe kommen sehr selten vor u. zw. in Folge verschiedener Erkrankungen der Gefässhäute, äusserer Einflüsse auf dieselben etc.

Häufig dagegen beobachtet man die auf g r ö s s e r e G e f ä s s - s t r e c k e n oder auf e i n z e l n e g a n z e G e f ä s s e mit i h r e n V e r - z w e i g u n g e n verbreiteten Erweiterungen oder Verengerungen des Lumens, u. zwar:

1. Erweiterungen der Venen.

a) Gleichmässig verbreitet in der ganzen Ausdehnung einzelner oder mehrerer Gefässe und deren Verzweigungen; bei collateraler Hyperaemie.

Gleichmässig verbreitet in der ganzen Ausdehnung oder nur in grösseren Strecken einzelner oder mehrerer Gefässe und deren Verzweigungen: bei Reizung, bei sthenischen oder asthenischen Entzündungen von Vorgängen der progressiven oder regressiven Metamorphose, bei Atonie der Gefässe u. z. besonders nach abgelaufener Entzündung etc.

b) Ungleichmässig verbreitet in der ganzen Ausdehnung oder nur in grösseren Strecken einzelner oder mehrerer Gefässe und deren Verzweigungen u. zw. unter gleichzeitiger Ausdehnung der Gefässe ihrer Länge nach: vor Allem bei hypersthenischen Entzündungen von Vorgängen der progressiven oder regressiven Metamorphose, selten bei sthenischen oder asthenischen Entzündungen, ferner bei Atonie der Gefässwandungen etc.

2. Verengerungen der Venen.

Gleichmässig verbreitet über den ganzen Verlauf einzelner oder mehrerer Gefässe sammt deren Verzweigungen: bei Embolie eines Astes der Arteria centralis retinae, bei Atrophie u. zw. unter gleichzeitiger Abnahme der Gefässe ihrer Länge nach etc.

3. Erweiterungen der Arterien.

Gleichmässig verbreitet über den ganzen Verlauf einzelner oder mehrerer Gefässe sammt deren Verzweigungen: bei collateralen Hyperaemien etc.

4. Verengerungen der Arterien.

a) Gleichmässig entwickelt im ganzen Verlaufe einzelner oder mehrerer Gefässe sammt deren Verzweigungen: bei unvollständiger Embolie eines Astes der Arteria centralis retinae, bei Atrophie u. zw. unter gleichzeitiger Abnahme der Gefässe ihrer Länge nach etc.

b) Beschränkt auf kleinere oder grössere Strecken einzelner oder mehrerer Gefässe sammt deren Verzweigungen u. zw. unter gleichzeitiger Ausdehnung ihrer Länge nach: bei hypersthenischen Entzündungen.

c) Central im höheren Grade als peripher entwickelt: bei vollständiger Embolie eines Astes der Arteria centralis retinae etc.

Unbedingt am häufigsten kommt die über die ganze Verzweigung des venösen oder arteriellen Centralgefäss-Systemes verbreitete Zu- oder Abnahme des Lumens vor. Dieselbe ergibt auch meistens die höchsten Grade derartiger Gefässveränderungen.

Ich beobachtete bis nun

1. Die Erweiterung des Lumens des Centralvenen-Systemes: bei Reizung und Entzündung, im Hitzestadium des Fiebers, bei collateralen und Stauungs-Hyperaemien, bei Plethora vera und serosa, bei Habitus appoplecticus, bei Andrang des Blutes (Congestionen) nach dem Kopfe, während der Schwangerschaft, bei Entspannung des Bulbus, bei Stase, bei Atonie der Gefässwandungen, bei andauerndem Drucke auf den Nerv. sympathicus etc.

2. Die Verminderung des Lumens des Central-venen-Systemes: bei Anaemien, besonders Inanitions-Anaemien, bei Atrophie, bei Embolie der Arteria centralis retinae, bei dem

Gebrauche von Secale cornutum (Ergotin), bei habituellem Alcoholgenusse, bei Fingerdruck auf den Bulbus etc.

3. Die Erweiterung des Lumens des Central-
arterien-Systemes: im Hitzestadium des Fiebers, bei collateralen Hyperaemien, bei Plethora vera und serosa, bei Habitus
apoplecticus, bei Andrang des Blutes (Congestionen) nach dem
Kopfe, während der Schwangerschaft, bei Entspannung des Bulbus,
bei Stase u. s. w.

4. Die Verminderung des Lumens des Central-
arterien-Systemes: bei Anaemien und besonders Inanitions-
Anaemien, bei Atrophie, bei Embolie der Arteria centralis retinae,
bei dem Gebrauche von Secale cornutum (Ergotin), bei habituellem
Alcoholgenusse, bei Fingerdruck auf den Bulbus etc.

Ueberblickt man diese verschiedenen Veränderungen im Durchmesser der Gefässe, die Erweiterungen sowohl wie die Verengerungen, so ergibt sich weiterhin, dass dieselben das physiologische
Verhältniss des arteriellen Systemes zu dem venösen häufig in sehr
unterschiedlicher Weise abändern.

So sieht man in der einen Reihe von Fällen die Veränderung
nur auf das Eine System beschränkt, wie z. B. bei den meisten
Stauungs-Hyperaemien oder bei atonischen Hyperaemien nach Ablauf von Entzündung u. s. w.

In anderen Fällen verbreitet sich dieselbe Veränderung auf
beide Systeme u. zw.:

a. In nahezu gleichem Grade wie bei Fieber, Congestionen,
Plethora, Anaemie, Atrophie etc. oder

b. in ungleichem Grade wie bei Stase, woselbst die Arterien
eine verhältnissmässig grössere Erweiterung zeigen als die Venen.

In wieder anderen Fällen endlich beobachtet man ein entgegen-
gesetztes Verhältniss in den Veränderungen des arteriellen und
venösen Systemes, wie z. B. häufig bei hypersthenischen Entzündungen, woselbst die Venen eine auffallende Zunahme des Quer-
und Längendurchmessers, die Arterien dagegen eine Verminderung
ihres Querdurchmessers ausweisen.

Weitere auffallende Veränderungen am Centralgefäss-Systeme
im Verlaufe krankhafter Vorgänge ergeben sich in Betreff der
Farbe des Blutes, der Art der Reflexerscheinungen und
der Durchsichtigkeit der Gefässwandungen.

1. Die Verschiedenheiten in der Färbung des Blutes unter physiologischen Verhältnissen je nach dem Alter, dem Geschlechte, der Constitution und der Lebensweise des Individuums sind im Allgemeinen nur geringe; unter pathologischen Verhältnissen jedoch treten sie häufig in sehr auffallender Weise hervor.

Eine genaue Bestimmung und richtige Würdigung der gegebenen Verschiedenheiten ist nicht in allen Fällen möglich, da hiebei verschiedene Momente vielfach einen sehr erheblichen und oft vollkommen störenden Einfluss ausüben.

Je grösser, wie schon früher erwähnt, die Bildgrösse des Gefässes oder Gefässabschnittes ist, desto lichter — je geringer dagegen die Bildgrösse, desto dunkler erscheint das Blut; je geringer, bei gleicher Bildgrösse, die Tiefendimension der Blutsäule sich erweist, d. i. je kleiner oder bandartiger die Blutsäule, desto lichter — je grösser dagegen die Tiefendimension, desto dunkler erscheint das Blut; je breiter und intensiver der Reflex von der Mitte des Gefässes, je höher der Brechungsexponent oder je geringer die Durchsichtigkeit der Gefässwand ist, desto lichter — je schmäler und schwächer dagegen der Reflex, desto dunkler erscheint im Allgemeinen die Farbe der Blutsäule.

Einen sehr störenden Einfluss bei Schätzung der Blutfarbe übt weiters der jeweilig gegebene Contrast zwischen der wirklichen Färbung des Blutes und der Färbung der zunächst gelegenen Gewebspartien, sowie des Augengrundes überhaupt.

Je lichter die den Gefässen zunächst liegenden Gewebspartien sind, je lichter die Färbung des Augengrundes an und für sich oder in Folge pathologischer Vorgänge ist, je vollständiger und in je grösserer Ausdehnung die Pigmentschichten der Chorioidea zerstört sind und die Sclerotica mehr Licht reflectirt, oder je intensiver und ausgebreiteter sich Trübungen in den tieferen Schichten der Netzhaut und in der Chorioidea entwickeln, wodurch die normalen Pigmentschichten verdeckt und verändert werden und der Augengrund eine lichtere Farbe, eine grössere Erleuchtungsintensität, ja einen seidenartigen Glanz erhält — desto dunkler treten die Blutsäulen hervor. Im Gegensatze hiezu erscheinen dieselben um so lichter gefärbt, je dunkler der Augengrund an und für sich oder in Folge pathologischer Vorgänge ist, je mehr die Netzhaut oder überhaupt der Augengrund (wie bei entzündlichen Processen) geröthet wird und Licht absorbirt.

Die störendsten Einwirkungen ergeben sich jedenfalls durch jene Färbungen und Trübungen, welche sich in den Gefässwandungen, in den die Gefässe umschliessenden und denselben vorgelagerten Gewebspartien der Netzhaut, sowie in den tieferen Schichten des Glaskörpers und in entfernterer Reihe in den übrigen Theilen der durchsichtigen Medien entwickeln. Durch dieselben erscheinen die Blutsäulen in einer Reihe von Fällen durch grössere Lichtabsorption und durch die Verminderung oder das vollständige Verschwinden des Reflexes auffallend dunkler; in einer anderen Reihe von Fällen dagegen erscheinen sie in eine beinahe gleiche Färbung eingebettet, oder durch einen grauröthlichen oder grauweisslichen Nebel entfärbt, und entziehen sich endlich in geringerer oder grösserer Ausdehnung durch Farbenausgleichung oder Deckung mehr weniger vollständig dem Blicke.

So sehr auch alle diese Momente die Beurtheilung vielseitig erschweren und behindern, so ist es unter entsprechender Würdigung derselben bei mehrseitiger Uebung und Erfahrung dennoch möglich, einigermassen erhebliche Farbdifferenzen in der grösseren Zahl der Fälle mit Sicherheit zu bestimmen.

Die auffallendsten Veränderungen ergeben sich jedenfalls in Betreff der lichteren oder dunkleren r o t h e n Färbung des Blutes.

In der grösseren Zahl der Fälle ist die Farbveränderung nahezu gleichmässig über das arterielle wie venöse System verbreitet. Hiedurch wird der physiologische Unterschied in der Färbung zwischen Arterien und Venen nicht wesentlich verändert, und das ganze Centralgefäss-System tritt gleichmässig lichter oder dunkler roth hervor. So erscheinen z. B. sämmtliche Netzhautgefässe dunkler roth gefärbt bei heftigen Diarrhoen, Dysenterien, bei Cholera, bei Polycythaemie, (bei manchen Fällen von Habitus apoplecticus) u. s. w.; lichter dagegen bei Oligocythaemie mit Hydraemie, bei Inanitionsanaemie, bei Chlorose etc.

Die dunklere Färbung der Blutsäulen bei Congestionen, Collateralhyperaemien, Plethora vera, bei Entspannung des Bulbus etc. sowie die lichtere Färbung bei reiner (acuter) Anaemie oder bei Ischaemie in Folge von Thrombose oder Embolie, bei Atrophie u. s. w. dürfen nicht hiehergezählt werden, da sie nur dem grösseren oder kleineren Durchmesser der Gefässe entsprechen, die Farbe des Blutes jedoch an und für sich eine vollkommen normale ist.

In einer anderen sehr bedeutenden Zahl von Fällen, tritt die lichtere oder dunklere rothe Färbung des Blutes vorwiegend oder blos in Einem Systeme, u. z. vorzugsweise in dem venösen auf.

Hiedurch wird der Farbenunterschied zwischen arteriellem und venösem Blute unterschiedlich gesteigert oder vermindert, ja nicht selten beinahe vollständig ausgeglichen.

Eine verschieden dunklere Färbung des venösen Blutes, bei normaler oder selbst etwas lichterer Färbung des arteriellen, beobachtet man bei intensivem Fieber, in vielen Fällen von Retinitis besonders bei Retinitis hypersthenica, häufig bei Gehirnentzündungen, vor Allem bei Pneumonie, Pleuritis, nach heftigen Hustenanfällen, überhaupt bei Athemnoth, in der Schwangerschaft etc.

Eine lichtere Färbung des venösen Blutes mit oder ohne solcher des arteriellen, ergibt sich in vielen Fällen von Chlorose und bei verschiedenen chronischen, insbesondere schweren Allgemeinleiden, bei welchen diese Blutveränderung bisher noch nicht hinlänglich gewürdigt wurde.

Eine überwiegend dunklere Färbung des arteriellen Blutes, so dass der Unterschied zwischen Arterien und Venen der Farbe nach ausgeglichen wird, beobachtet man in gewissen Fällen von Stase.

Weniger häufig als diese Veränderungen in der Intensität der rothen Färbung des Blutes, kommen wirkliche Farbabweichungen vor. Hieher gehören: die unterschiedlich intensive gelbliche Färbung des Blutes bei Icterus, die zarte, grauweissliche bei Leukaemie und Leukocytose, die blauröthliche in Fällen hochgradiger Pneumonie und Pleuritis u. s. w.

2. In Betreff der Veränderungen im Reflexphaenomene bei verschiedenen krankhaften Vorgängen muss man Abweichungen der Farbe, der Breite, der Intensität und der Gleichmässigkeit des Reflexes unterscheiden.

Die Farbveränderungen des Reflexes sind meistens nur sehr geringe, und entsprechen durchschnittlich den Farbverschiedenheiten des Blutes.

Grössere Unterschiede ergeben sich rücksichtlich der jeweiligen Breite des Reflexes. Der Reflex wird in dem Verhältnisse schmäler, als der Blutdruck im Gefässe relativ oder absolut zunimmt und sofort die Blutsäule einen mehr kreisförmigen Querschnitt erhält.

Dies beobachtet man bei Stauungs- und Collateral-Hyperaemien, bei Plethora, bei Entspannung des Bulbus, bei grösserer Häufigkeit und Stärke der Herzcontractionen u. s. w.

Breiter wird dagegen der Reflex in dem Verhältnisse, als der Blutdruck im Gefässe relativ oder absolut abnimmt, wodurch sofort die Blutsäulen flacher, bandartiger werden, wie z. B. bei embolischer Ischaemie, Anaemie, Zunahme des intraoculären Druckes, bei Abnahme der Herzcontractionen an Häufigkeit und Stärke etc.

Sehr häufige und erhebliche Unterschiede endlich ergeben sich in der Intensität und Gleichmässigkeit des Reflexes.

Der Reflex nimmt an Intensität zu oder ab in dem Verhältnisse, als die Färbung sowie der Brechungsexponent [1]) des Blutes sich vermindert oder erhöht.

Je dunkler im Allgemeinen das Blut gefärbt ist, desto schwächer erscheint der Reflex, wie bei Polycythaemie: an den Venen bei Pneumonie, Pleuritis, nach heftigen Hustenanfällen etc.

Je lichter dagegen sich die Färbung des Blutes erweist, desto intensiver tritt der Reflex hervor — daher bei Oligocythaemie, in gewissen Fällen von Chlorose, bei Leucaemie u. s. w.

In der lichteren Färbung der arteriellen Blutsäulen gegenüber den venösen, ist auch zum grösseren Theile der stärkere Reflex an den Arterien, und der schwächere an den Venen begründet.

Vermindert sich daher der Unterschied in der Färbung zwischen arteriellem und venösen Blute, indem die Röthe entweder in den Arterien zu- oder in den Venen abnimmt, so wird auch die Differenz im Reflex beider geringer.

Ist die Farbe des Blutes in den Venen (wie bei gewissen Ernährungsstörungen) beinahe so licht wie in den Arterien oder hat das arterielle Blut (wie bei Stase) die dunkle Färbung des Venenblutes erlangt, so erscheint auch der Reflex an den Arterien und an den Venen von nahezu gleicher Intensität.

Je höher ferner bei gleicher Färbung, der Brechungsexponent des Blutes sich erweist, deso schwächer wird der Reflex — also bei günstigen Ernährungsverhältnissen, bei Hyperalbuminose u. s. w.

[1]) N. B. Man kann sich hievon auch experimentel überzeugen, wenn man auf einem Brettchen eine Reihe von Glasröhren gleicher Art befestiget, sie mit gleich dunkler Flüssigkeit jedoch von unterschiedlichem Brechungsexponenten füllt, und nach Einsenkung in eine Flüssigkeit (Creosot) von demselben Brechungsvermögen mit den Glasröhren, wie früher angegeben, das Reflexphänomen an den einzelnen Flüssigkeitssäulen hervorruft und die verschiedenen Reflexe untereinander vergleicht.

Je geringer dagegen der Brechungsexponent des Blutes, je wässeriger dasselbe ist, desto intensiver tritt der Reflex auf — so bei Hydraemie, Hypalbuminose, Inanitionsanaemie, in vielen Fällen von Chlorose etc.

Die Intensität und Gleichmässigkeit des Reflexes hängt endlich von der Dicke, Dichtigkeit und Durchsichtigkeit der Gefässwandungen ab.

Je durchsichtiger, dünner und weniger dicht die Gefässwand ist, desto intensiver und gleichmässiger tritt der Reflex hervor; je dicker oder trüber hingegen die Gefässwand durch irgend einen pathologischen Vorgang wird, desto mehr erscheint der Reflex lichtschwach, ungleichmässig, stellenweise unterbrochen oder überhaupt unkenntlich.

3. Die Verschiedenheiten im Grade der Durchsichtigkeit und in der Art der Strahlenleitung, die sich in den Gefässwandungen, in Folge verschiedener krankhafter Vorgänge der progressiven wie regressiven Metamorphose entwickeln, sind für den Ophthalmoskopiker von hoher Bedeutung.

Durch dieselben erleidet nicht nur, wie früher erwähnt, die Intensität und Gleichmässigkeit, sondern auch die Breite, Färbung und Begrenzungsart des Reflexes, gleichwie die Farbe und Begrenzungsart der Blutsäule wesentliche Veränderungen; durch dieselben wird endlich das mehr oder weniger deutliche Sichtbarwerden der Gefässwandungen selbst, in der grösseren Zahl der Fälle veranlasst.

In demselben Maasse, als die Gefässwände durch einen dieser pathologischen Prozesse Veränderungen in ihrer Dicke, ihrer Dichtigkeit und Struktur erleiden; als in denselben sich Trübungen und Färbungen entwickeln, und dadurch das Gewebe der Gefässwand lichtzerstreut oder absorbirt und mehr weniger undurchsichtig wird — in demselben Maasse ist der Reflex bald diffuser und breiter, bald schwächer und schmäler, erscheint die Farbe des Reflexes, insbesondere der Blutsäule blasser, mehr weissgraulich oder auch dunkler: zeigt sich der Rand des Reflexes und der Blutsäule ungleich, wie gekörnt. gestreift, unterbrochen; scheint endlich die Blutsäule zu beiden Seiten wie in einem Nebel unterzutauchen, lichter, undeutlicher. ohne bestimmte Abgrenzung und sofort auch schmäler.

Durch diese Veränderungen tritt aber auch weiters die Gefässwand selbst unterschiedlich deutlich hervor. Dieselbe erscheint entweder leicht graulich und dabei glasartig diaphan — wie vorzugsweise bei Atrophia retinae, oder auch leicht getrübt, mehr weniger undurchsichtig und verschieden gefärbt, ähnlich einem matt geschliffenem Glase — wie in Folge von Verkalkung, oder bei dem atheromatösen Prozesse u. s. w.

Durch solche Gewebsveränderungen, insbesondere wenn sich in der Gefässwand eine mehr grauweissliche, röthliche oder rothbraune Färbung entwickelt, wird aber auch anderseits die an und für sich mehr oder weniger deutlich ausgeprägte Gefässwand selbst oft unsichtbar.

Prägen sich z. B. auf hellem weisslichem oder leicht graulichem Augengrunde die Gefässwandungen als glasartige durchscheinende, etwas dunklere, bandartige Streifen aus, welche die Blutsäule beiderseits einrahmen, oder zeigen sich die Gefässwandungen bei dunkler geröthetem Augengrunde, wie häufig bei Netzhautreizung und Entzündung, als lichtere, mehr weissliche bandartige Streifen, — so werden in den Maasse, als die Gefässwand sich trübt oder röthet, diese Streifen mehr und mehr undeutlich, und die Gefässwände endlich in Folge der Farbenausgleichung wieder vollkommen unsichtbar.

In Betreff auffallender Erscheinungen am Centralgefäss-Systeme, unter pathologischen Verhältnissen, ist schliesslich noch auf das Vorkommen unterschiedlicher Circulations- und Pulsationsphänomene hinzuweisen.

Ich habe seit Beginn der Augenspiegeluntersuchungen wiederholt die Gelegenheit gehabt, auf bestimmte Pulsations- und Circulationserscheinungen, als mehr oder weniger charakteristische Symptome gewisser pathologischer Vorgänge, aufmerksam zu machen.

Ausführlich beschrieb ich schon 1854 [1]) einen Fall von Entwicklung und Lösung einer Blutstase in der Netzhaut, sowie die bei dem glaucomatösen Vorgange und auch bei anderen Processen vorkommende Arterienpulsation [2]).

In neuerer Zeit hat Prof. B e c k e r [3]) das Auftreten des Arterien-

---

[1]) Ueber Staar und Staaroperation, Wien 1854, pag. 104.

[2]) Ueber die sichtlichen Blutbewegungen im menschlichen Auge. Vortrag in der Fakultätssitzung vom 15. Jänner 1854, abgedruckt in der Wiener medicinischen Wochenschrift vom 21. und 28. Jänner, sowie 4. Februar 1854.

[3]) In G r ä f e's Archiv für Ophthalmologie, B. 18, Abth. 1, pag. 206, Berlin 1872. Nach einer Bemerkung Prof. B e c k e r's pg. 293, scheint derselbe

pulses bei Insufficienz der Aortenklappen in vielen Fällen beobachtet und eingehend gewürdiget.

Diese bisher allgemein bekannten Fälle von Circulations- und
Pulsationserscheinungen sind nicht die einzigen, welche bei genauer
Untersuchung während des Ablaufes verschiedener krankhafter
Processe beobachtet werden.

Eine ausführliche Beschreibung derselben würde jedoch den
Umfang meiner dermaligen Veröffentlichung zu sehr vergrössern, und
behalte ich sie mir für eine spätere Mittheilung vor.

Hier erlaube ich mir nur noch, auf die rückläufige Blutbewegung bei Embolie und auf den Werth der bei pathologischen Vorgängen so häufig durch einen Fingerdruck auf den Bulbus hervorzurufenden arteriellen und venösen Pulsationserscheinungen hinzuweisen.

Die r ü c k l ä u f i g e Blutbewegung beobachtet man oft deutlich
bei partiell aber hochgradig obstruirender, oder bei total obstruirender
Embolie der Arteria centralis oder ihrer Hauptäste.

Ist nämlich der neben dem Embolus vorübergehende arterielle
Blutstrom zu geringe, um dem Blutdrucke in den Venen das Gleichgewicht zu halten, oder ist die Arterie total obturirt, so erscheinen die
grösseren und kleineren arteriellen Gefässe jenseits des Embolus beinahe
oder vollständig blutleer, indem sie sich so stark contrahiren, dass sie
bei der gegebenen Bildgrösse nur als äusserst schmale Streifen oder
auch wohl gar nicht mehr zu erkennen sind; die feinsten mit dem
Spiegel überhaupt noch wahrzunehmenden arteriellen Zweigchen
dagegen, sowie sämmtliche Venen des embolischen Bezirkes, sieht
man im mässigen Grade, bis zu einem Drittel oder zur Hälfte ihres
normalen Querdurchmessers, mit gleich dunklem Blute gefüllt.

Der ausserhalb des Bezirkes der Embolie bestehende Blutdruck
lässt nämlich die im embolischen Bezirke befindlichen Venen und
feinsten arteriellen Zweigchen ihr Blut nicht vollständig entleeren,
und führt denselben bei fortbestehendem Stoffwechsel im embolischen
Bezirke, aus den benachbarten Bezirken in rückläufiger Bewegung

---

bisher den Arterienpuls beim glaucomatösen Processe nur im Bereiche der
Papille und nicht auch, wie ich, oft in der Netzhaut beobachtet zu haben. --
In Betreff einer Bemerkung Prof. B e c k e r's daselbst pg. 292, muss ich auf
einen Druckfehler in meinem ophthalmologischen Handatlasse pg. 75 hinweisen,
indem mein Aufsatz über die sichtlichen Blutbewegungen nicht, wie dort angegeben, in der Zeitschrift der med. Fakultät, sondern wie oben erwähnt, in
der Wiener med. Wochenschrift abgedruckt ist.

neues venöses, und durch die Capillaranastomosen auch arterielles Blut zu.

Dieses Verhältniss zeigt aber auch weiters, dass die grösseren und kleineren Netzhautarterien eine bedeutend höhere Contractionsfähigkeit besitzen, als der venöse Blutdruck beträgt, und dass dagegen die feinsten arteriellen Zweigchen und die Venen nur in einem gewissen Grade dem in ihrem Bereiche herrschenden geringeren venösen Blutdrucke Widerstand zu leisten vermögen.

Man kann also am Menschen mit Hilfe des Augenspiegels direct beobachten, wie durch Beschränkung oder Hemmung der arteriellen Blutzufuhr, der Blutdruck in dem entsprechenden Venenbezirke abnimmt, und dass die Venen nur durch den arteriellen Blutdruck, welcher durch das Capilarsystem hindurchwirkt, in ihrer normalen Erweiterung erhalten werden.

Anderseits ist bei Embolie der Arteria centralis oder deren Aeste, durch den rückläufigen Venenstrom und durch die Anastomosirung der betreffenden Netzhautgefässe vermittelst der Capilaren mit anderen Gefässbezirken und Gebieten erklärlich, dass trotz der gehemmten Blutzufuhr durch die arteriellen Centralgefässe, die Ernährung des betreffenden Bezirkes oder der ganzen Retina in mehr oder weniger ausreichendem Maasse durch kürzere oder längere Zeit erfolgt.

Was die willkürlich hervorzurufenden Pulsationsphänomene anbelangt, so wird, wie allgemein bekannt, im gesunden Auge durch einen Druck des Fingers auf den Bulbus, die in vielen Fällen im Pylorus nervi optici wahrnehmbare (physiologische) Venenpulsation auffallend verstärkt; andererseits aber diese Erscheinung, wo sie nicht schon an und .für sich vorhanden ist, sowie auch die Arterienpulsation nach Belieben erzeugt.

Diese Pulsationserscheinungen an den Venen und Arterien können auch in gleicher Weise während der Entwicklung und während des Ablaufes krankhafter Vorgänge in der grösseren Zahl der Fälle erzeugt, dagegen in einer anderer Reihe von Fällen trotz aller Sorgfalt und Mühe nicht zur Anschauung gebracht werden.

In jenen Fällen, in welchen sie mit Sicherheit zu erkennen sind, ergeben sich weiters Verschiedenheiten dadurch, dass sie bald durch einen geringeren Fingerdruck, ja durch die leiseste Berührung des Bulbus, bald aber nur durch eine sehr bedeutende Spannung desselben hervorgerufen werden können ; dass sie, entweder ganz schwach oder aber mächtig entwickelt, auf eine kleinere Stelle beschränkt oder auf grössere Strecken verbreitet sind, und dass sie endlich in dem einen oder dem anderen Gefäss-Systeme früher, oder dass sie bloss in Einem Gefäss-Systeme sich entwickeln.

Abgesehen davon, dass ein genaueres Studium all' dieser Verschiedenheiten in den Pulsationserscheinungen, sowie der einzelnen Verhältnisse, unter welchen jene hervortreten, eine tiefere Einsicht und werthvolle Aufschlüsse gewährt über die Circulations-Verhältnisse im Auge sowohl wie auch im übrigen Körper, so ist das Druckexperiment im Allgemeinen schon desshalb von höchster Wichtigkeit, weil es einen der sichersten Beweise liefert, ob in dem Centralgefäss-Systeme u. zw. in welcher Art und Ausdehnung, eine Blutbewegung statthabe oder nicht.

Es gehört hiezu immerhin einige Uebung, insbesondere ein mächtiges und wohlgeschultes Accommodationsvermögen des eigenen Auges, da man häufig aus dem Nicht- oder dem nur undeutlichen Hervortreten der Einzelerscheinungen bestimmte Schlüsse ziehen und daher auch sicher sein muss, dass jene Erscheinungen auch nicht in anderer Weise zu erzielen gewesen wären.

Nur mit Hilfe dieses Experimentes ist es möglich, die Lehre von der Blutstauung und Blutstockung im Centralgefäss-Systeme, sowie der damit in Verbindung stehenden Ernährungsstörungen im menschlichen Körper noch während des Lebens gründlich und verlässlich festzustellen und weiter zu entwickeln.

Durch eine entsprechende Verwerthung aller der im Vorausgegangenen erwähnten, am Centralgefäss-Systeme mit Hilfe des Augenspiegels wahrnehmbaren Veränderungen wird dem bisher bekannten physiologischen wie pathologischen Symptomen-Complexe eine zum Theile neue Erscheinungsgruppe hinzugefügt.

Dieselbe ist nicht nur für den Augenarzt, sondern insbesondere für den Physiologen und Pathologen im Allgemeinen von hoher Bedeutung, und dürfte vor Allem in Betreff der Pathologie des Blutes zu einer Berichtigung mancher bestehender Ansichten, wie zur Aufstellung neuer Fragen und zur Einleitung weiterer Forschungen die Anregung geben.

Ueberblicke ich all' die bisher unter physiologischen wie pathologischen Verhältnissen an den Gefässen beobachteten Veränderungen, so muss ich in erster Linie darauf hinweisen, dass dieselben im Allgemeinen weit häufiger und mächtiger entwickelt an dem venösen als an dem arteriellen Systeme wahrzunehmen sind.

An den Arterien können zum grossen Theile dieselben Veränderungen wie an den Venen beobachtet werden; sie treten jedoch an den ersteren, mit wenigen Ausnahmen, minder bestimmt und in geringerem Grade hervor, und können weit seltener mit gleicher Sicherheit nachgewiesen werden wie bei letzteren.

Auffallende Unterschiede im Durchmesser, in der Farbe und im Reflexe kommen weit häufiger und mächtiger entwickelt an den Venen als den Arterien vor.

So sind nicht nur die so häufigen Stauungs - Hyperaemien grösstentheils nur an den Venen zu beobachten, sondern auch die Hyperaemien bei Reizung und entzündlichen Vorgängen durchschnittlich nur an den Venen deutlich zu erkennen. Ebenso habe ich in Fällen, in welchen ich mich zur Annahme einer durch directe oder reflectorische Lähmung des Sympathicus bedingten Hyperaemie berechtigt hielt, diese bisher in eminenter Weise nur in den Venen nachzuweisen vermocht.

In ganz gleicher Weise sind die grössten Farbveränderungen des Blutes bei entzündlichen Vorgängen, bei verschiedenen Hyperaemien und Anaemien, insbesondere bei den Inanitionsanaemien, vorzugsweise in venösem Blute ausgeprägt.

Jene Veränderungen endlich in den Reflex-Erscheinungen, welche sich bei entzündlichen Processen auf eine Ernährungsstörung in der Gefässwand selbst zurückführen lassen, treten in hervorragender Weise gleichfalls nur in den Venen auf. —

Sehr der Beachtung werth erscheinen mir ferner gewisse Farbveränderungen im Blute, welche häufig bei höhergradigen acuten Entzündungen wichtiger Organe, bei verschiedenen chronischen Anomalien der Blutmischung, insbesondere bei schweren erschöpfenden Allgemeinleiden hervortreten.

Man findet, wie schon früher erwähnt, unter physiologischen wie insbesondere unter pathologischen Verhältnissen sehr oft mehr oder weniger auffallende Verschiedenheiten in der Färbung des Blutes im Allgemeinen.

So ergibt sich z. B. in Betreff pathologischer Vorgänge ein dunkleres Blut bei Polycythaemie, in manchen Fällen von Habitus apoplecticus etc.; während eine lichtere Färbung des Blutes nach

erheblichen Blutverlusten, bei Leucaemie, häufig bei Chlorose und
verschiedenen anderen Krankheiten sich manifestirt.

Diese Farbveränderungen lassen sich leicht erklären durch
eine grössere oder geringere Anzahl von rothen Blutkörperchen,
einen minderen oder höheren Gehalt derselben an Haemoglobin, ein
relatives oder absolutes Ueberwiegen der farblosen Blutkörperchen.

Das charakteristische Moment in dieser Einen Reihe von
Fällen ist in der Aufrechterhaltung des physiologischen Unterschiedes zwischen arteriellem und venösem Blute der Färbung nach
gegeben. Mag die dunklere oder lichtere Färbung des Blutes eine
geringe oder noch so erhebliche sein — stets erscheint unter
übrigens gleichen Verhältnissen das Venenblut in demselben Masse
dunkler als das arterielle Blut.

In einer anderen Reihe von Fällen dagegen — und auf diese
beziehe ich mich hier speciell — ist der Farbenunterschied zwischen
Arterien und Venen in abnormer Weise erhöht oder vermindert.

Eine Steigerung des Farbunterschiedes beobachtet man sehr
häufig bei acuten Entzündungen wichtiger Organe, so insbesondere
bei Pneumonien und Pleuritis.

Bei geringerem Grade der Entzündung erscheint das Arterienblut normal gefärbt, und das Venenblut mehr weniger auffallend
dunkler, nahe dunkelkirschroth; bei hochgradigen und ausgebreiteten
Entzündungen wird das arterielle Blut erheblich lichter, das venöse
dagegen in noch höherem Grade dunkel, dunkelkirschroth, selbst
blauroth.

Die Differenz in der Blutfärbung der Arterien und Venen ist
daher gegenüber dem physiologischen Maasse eine auffallend — ja
ungeheuer grosse.

Die lichtere Färbung des arteriellen Blutes dürfte hier der
geringeren Menge von Blutkörperchen des sogenannten entzündlichen
Blutes entsprechen; die dunklere Färbung des venösen Blutes dagegen der Wesenheit nach dadurch hervorgerufen sein, dass in
Folge der Venenhyperaemie sich das Blut langsamer fortbewegt,
somit länger in Contact mit den Geweben bleibt, und dass sofort
demselben der Sauerstoff vollständiger entzogen wird.

Eine Verminderung des Farbunterschiedes zwischen arteriellem
und venösem Blute bei normal oder lichter gefärbtem Arterienblute
tritt in sehr unterschiedlichem Grade auf.

In geringerem Maasse beobachtete ich sie bei Chlorose und

anderen chronischen Anomalien der Blutmischung sowohl bei normal wie lichter gefärbtem arteriellen Blute.

Die höheren Grade derselben sah ich vorzugsweise bei schweren, erschöpfenden Allgemeinleiden u. zw. stets unter erheblich lichterer Färbung des arteriellen Blutes. Wiederholt erschienen selbst die Arterien so licht gelbroth gefärbt, dass man sie auf dem gelbröthlichen Augengrunde beinahe für blutleer halten konnte.

In diesen Fällen nun verminderte sich im Verhältnisse zur Dauer und Intensität des Leidens die Farbe des venösen Blutes allmählig so sehr, dass dieselbe endlich nicht nur der des physiologischen Arterienblutes entsprach, sondern auch unter dieselbe sank. Hiedurch wurde der Unterschied zwischen venösem und arteriellem Blute immer geringer und in einzelnen Fällen selbst nahezu ausgeglichen.

In solchen Fällen ist häufig die Färbung des Blutes beträchtlich lichter als in den eminentesten Fällen von Leukaemie, obgleich der mikroskopischen Untersuchung zufolge das normale quantitative Verhältniss der rothen zu den weissen Blutkörperchen nicht wesentlich verändert erscheint.

Dass in den bezüglichen Krankheitsfällen die Farbe des arteriellen Blutes lichter wird und im gleichen Verhältnisse auch das Venenblut in seiner Farbe abgeschwächt werden muss, ist selbstverständlich. Wodurch aber ist hier die ungleich stärkere Entfärbung des Venenblutes, ja die selbst nahezu ebenso lichte Färbung wie in den Arterien bedingt?

Liegt die Ursache in einem geringeren Verbrauche des Sauerstoffes, in einem Nichteingehen desselben in weitere Combinationen, so dass auch das Haemoglobin des Venenblutes unterschiedlich viel, ja nahezu die gleiche Quantität an Sauerstoff gebunden hält wie im arteriellen Blute, dass also das Blut in den Venen noch mehr oder weniger arteriell bleibt?

Wäre diess wirklich der Fall, so erschiene so mancher bei diesen Leiden verschieden mächtig hervortretende Symptomen-Complex erklärlich.

Die Verminderung oder der Ausgleich des Farbunterschiedes zwischen Venen und Arterien bei dunklerer Färbung des Venenblutes, aber verhältnissmässig noch viel dunklerer Färbung des Arterienblutes, beobachtete ich im Centralgefäss-Systeme bei auffallend verminderter Blutbewegung und bei dem Eintritte von Stase.

Die allmählig sich entwickelnde dunklere Färbung der Arterien dürfte hier auf das gleiche Moment wie bei den Venen, auf den Verlust des Haemoglobins an Sauerstoff zurückzuführen sein. Das Blut wird schon in den Arterien venös. —

An dieser Stelle möchte ich noch auf das Verhältniss der Arterien zu den Venen, ihrer Mächtigkeit nach, im Allgemeinen hinweisen.

Wie in einzelnen Fällen die Arterien beinahe gleich stark als die Venen erscheinen, so zeigt sich in anderen Fällen — angeboren oder erworben — ein auffallendes Ueberwiegen der Durchmesser der Venen gegenüber denjenigen der Arterien.

Derartige Verhältnisse scheinen mir nicht nur im Ernährungsgebiete des Centralgefäss-Systemes, sondern auch in anderen wichtigen Organen, ja selbst bei einzelnen Individuen allseitig ausgeprägt zu sein, und verleihen sofort den einzelnen Organen oder dem ganzen Körper einen überwiegend arteriellen oder venösen Typus.

Sind die Venen nahezu so gross wie die Arterien, so enthält gegenüber physiologischen Verhältnissen das betreffende Organ oder der ganze Körper nicht nur bedeutend weniger venöses Blut, sondern es bewegt sich dasselbe auch viel rascher — das venöse Blut bleibt sonach viel kürzere Zeit in Contact mit seinen Gefässwandungen und in Wechselwirkung mit dem Gewebe.

Sind dagegen die Venen unverhältnissmässig grösser als die Arterien, so besitzt das venöse Blut nicht nur gegenüber physiologischen Verhältnissen eine auffallend grössere Oberfläche, sondern bewegt sich auch viel langsamer, und bleibt sofort bedeutend länger in Berührung mit den Gefässwandungen und in Wechselwirkung mit den Geweben.

Solche Verhältnisse können nicht ohne Einfluss auf die Ernährungsverhältnisse des betreffenden Organes oder des ganzen Körpers sein, und dürften daher wiederholt die Disposition zu mancherlei krankhaften Vorgängen hervorrufen, ja selbst die Veranlassung zur Entwicklung derselben abgeben. —

Nicht minder wichtig als die Farbveränderungen erweisen sich endlich die Unterschiede in der Intensität der Reflexphaenomene, welche am Centralgefäss-Systeme bei verschiedenen krankhaften Vorgängen zu beobachten sind.

Wie schon früher bemerkt, steht im Allgemeinen die Intensität des Reflexes im directen Verhältnisse zur lichteren Färbung des Blutes; andererseits aber auch zum geringeren Brechungsexponenten desselben.

Dass die Intensität des Reflexes nicht allein von der Blutfarbe abhängig ist, ergibt sich schon daraus, dass so häufig bei gleicher Färbung die Intensität des Reflexes auffallende Verschiedenheiten zeigt.

Am leichtesten ist diess an den Venen zu constatiren, welche bei gleicher dunkler Färbung oft einen sehr auffallenden Reflex, selbst einen nahezu ebenso intensiven wie das physiologische Arterienblut, in anderen Fällen hingegen einen kaum nachweisbaren Reflex besitzen.

In Betreff der Abhängigkeit des Reflexes vom Brechungsexponenten des Blutes ergibt sich nun in erster Linie die Frage: durch welchen Factor die Verschiedenheiten im Brechungsexponenten bedingt seien?

Dieser Factor scheint vor Allem im Eiweissgehalte des Blutes gesucht werden zu müssen, da bei Hydraemie der Reflex in Rücksicht der lichteren Farbe des Blutes unverhältnissmässig verstärkt ist, und da auch in jenen Fällen von Albuminurie, wo die Blutfarbe noch normal erscheint, der Reflex auffallend stärker hervortritt, dagegen bei Cholera und heftigen Durchfällen im hohen Grade sich abschwächt.

Die häufige Uebereinstimmung der Intensität des Reflexes mit der Blutfarbe dürfte zum Theile dadurch bedingt sein, dass in einer grossen Zahl der Fälle, je nach den Ernährungs-Verhältnissen, mit dem Gehalte des Blutes an Haemoglobin auch der Gehalt an Eiweiss steigt und fällt.

In jenen Fällen daher, in welchen die Intensität des Reflexes mit der Farbe des Blutes nicht übereinstimmt, wo derselbe entweder auffallend verstärkt oder vermindert ist, darf man sich immerhin — unter entsprechender Würdigung der übrigen Verhältnisse — für berechtigt halten, auf einen geringeren oder grösseren Gehalt des Blutes an Eiweiss zu schliessen.

Am leichtesten ist sicherlich die Unterscheidung da, wo die Blutfärbung eine normale ist — und diese Fälle sind gar nicht selten.

Schon innerhalb physiologischer Breite ergibt sich in dieser Beziehung je nach dem Alter, dem Geschlechte, den Lebens- und

Ernährungs-Verhältnissen häufig eine deutlich erkennbare Verschiedenheit; weit auffallender noch tritt dieselbe unter pathologischen Verhältnissen hervor.

Diese Verschiedenheit im Reflexe ist in der grösseren Zahl der Fälle gleichmässig über das ganze Centralgefäss-System verbreitet, so dass die Venen im gleichen Grade wie die Arterien einen stärkeren oder schwächeren Reflex besitzen, und sohin der Unterschied im Reflexe zwischen arteriellem und venösem Blute der normale bleibt.

In anderen Fällen dagegen tritt die Steigerung oder Abschwächung des Reflexes bloss in den Venen oder bloss in den Arterien, insbesondere in den ersteren hervor.

Hiedurch wird der Unterschied im Reflexe zwischen Arterien und Venen unterschiedlich erhöht oder vermindert, und es kommen selbst Fälle vor, in welchen bei normalem oder bei selbst gesteigertem arteriellen Reflexe die Venen beinahe keinen oder auch einen ziemlich gleichen Reflex wie die Arterien ausweisen — in welch' letzterem Falle dann der Unterschied beinahe ausgeglichen ist.

Diese Beobachtungen erweisen, dass auch im Eiweissgehalte zwischen arteriellem und venösem Blute wiederholt erhebliche Differenzen bestehen.

So muss z. B. der Verbrauch von Eiweisskörpern im Fieber ein ganz enormer sein, da sich während desselben der Reflex, besonders an den Venen, in so hohem Grade vermehrt.

Dass ein derartiger Nachweis einer mehr oder weniger erheblichen, relativen oder absoluten Hypalbuminosis oder Hyperalbuminosis für den praktischen Arzt vor Allem in jenen Fällen von hoher Wichtigkeit ist, in welchen diessbezügliche weitere Erscheinungen weniger deutlich hervortreten, braucht wohl nicht besonders hervorgehoben zu werden.

— — — —

Im Nachfolgendem erlaube ich mir auf einzelne Störungen in der Ernährung und Blutbewegung näher einzugehen.

Hiebei fühle ich mich gedrängt, neuerdings hervorzuheben, dass ich das bisher Beobachtete vor Allem von meinem speciellen Standpunkte als praktischer Augenarzt zu verwerthen trachte, und dass die sich ergebenden Schlüsse auf die Störungen in der Ernährung und Blutbewegung in entfernteren wichtigen Organen oder des Gesammtorganismus nur insoferne und insoweit eine Berechtigung haben können, als diese entfernteren oder allgemeinen Störungen thatsächlich zum localen Ausdrucke im Auge gelangen.

Weiters muss ich nochmals darauf hinweisen, dass ich durch meine dermaligen Mittheilungen nicht etwas schon hinlänglich Begründetes aufstellen will oder gegentheilige Ansichten als wiederlegt ansehen möchte.

Wenn ich auch diesem Gegenstande schon seit mehr als 10 Jahren eine fortwährende Aufmerksamkeit zuwendete, und insbesondere in den letzteren Jahren eine grosse Anzahl von Kranken untersuchte, so ist bei der Verschiedenheit und dem Umfange der bezüglichen Verhältnisse das verwendete Materiale doch weitaus ein zu geringes; auch ist die Beobachtung bloss von einer Seite aus eine zu ungenügende.

Die Absicht bei Veröffentlichung meiner Beobachtungen ist allein, die Aufmerksamkeit der geehrten Collegen neuerdings auf eine bisher noch nicht allgemein übliche Verwerthung des Augenspiegels zu lenken, und in dieser Beziehung zu neueren und allseitigen Untersuchungen anzuregen.

Ich kann es mir hier aber auch nicht versagen, der grossen Unterstützung behufs meiner Untersuchungen zu erwähnen, welche mir von älteren und jüngeren Collegen so vielseitig zu Theil geworden; insbesondere aber fühle ich mich verpflichtet, dem Herrn Primararzte Standthartner, den Herren Professoren Löbel, Dittel, Spaeth, Salzer und Leidesdorf, welche mir das reiche Materiale ihrer Krankenzimmer mit so grosser Bereitwilligkeit zur Verfügung stellten, sowie dem Herrn Professor Meynert und dem Herrn Dr. Pollak, welche mich persönlich bei den Untersuchungen vielseitig unterstützten, hiermit meinen aufrichtigsten und innigsten Dank auszusprechen.

Anaemie.

Die wesentlichsten Symptome der Anaemie im Ernährungsgebiete des Centralgefäss-Systemes bestehen in einer gleichmässigen Abnahme der Querdurchmesser der Gefässe ihrem ganzen Verlaufe und ihrer ganzen Verzweigung nach, ferner in einer entsprechend lichteren Färbung derselben, sowie in einer Verschmälerung des Reflexes.

Die Abnahme am Querdurchmesser scheint in der grösseren Zahl der Fälle zuerst der Tiefendimension der Gefässe nach, d. i. senkrecht auf die Netzhautfläche zu erfolgen. Hiedurch werden die Gefässe etwas flacher, mehr bandartig.

Bei fortschreitender Anaemie nimmt dann auch der Querdurchmesser der Gefässe ihrer Breite nach, d. i. parallel der Netzhautfläche, entsprechend ab.

In den höchsten Graden der Anaemie entziehen sich endlich die Gefässe trotz der etwa noch vorhandenen Blutsäule vollkommen dem Blicke u. zw. in fortschreitender Richtung von der Peripherie des Augengrundes gegen das Centrum ihrer Entwickelung im Pylorus nervi optici hin.

Bei dieser Abnahme der Gefässe ihrer Dicke nach bleibt ihr Längendurchmesser nahezu der gleiche; die Gefässe zeigen keine wesentliche Veränderung in ihrem ursprünglichen, mehr gestreckten oder geschlängelten Verlaufe.

In ganz gleicher Weise ergibt sich, mit wenigen Ausnahmen, keine Veränderung in der ursprünglichen Differenz zwischen Arterien und Venen. Die Anaemie mag gering oder hochgradig sein — die Arterie erscheint immer in demselben Verhältnisse schmäler als die Vene und entzieht sich daher auch früher dem Blicke wie Letztere.

Mit der Verminderung der Dicke der Gefässe wird auch die Farbe der Blutsäulen stets geringer u. zw. in der ersteren Zeit, bei der Verflachung der Gefässe, etwas rascher; später vollkommen entsprechend der Abnahme der Gefässe an Breite — der Unterschied in der Färbung zwischen Arterien und Venen jedoch bleibt stets derselbe.

Bei hochgradiger Anaemie ist die Färbung des arteriellen Blutes kaum mehr von der Färbung des gelbrothen Augengrundes zu unterscheiden; das Venenblut hingegen bleibt wegen seiner dunkleren Färbung auch bei der geringsten, nur noch als feine Linie erkennbaren Breite der Blutsäule durch ihre röthliche Farbe markirt.

Der Reflex der Blutsäulen nimmt bei der Anaemie anfangs entsprechend der Verflachung der Gefässe etwas an Breite zu, dann aber mit der Verschmälerung der Gefässe auffallend an Breite ab, und verliert hiedurch immer mehr an seiner Lichtintensität, so dass er bei hochgradigen Anaemien gar nicht mehr zu erfassen ist.

Der Unterschied im Reflexe zwischen Arterien und Venen bleibt hiebei stets der gleiche — an den Venen verschwindet somit der Reflex auch früher als an den Arterien.

Im Verhältnisse zum Grade der Anaemie erscheint der Augengrund im Allgemeinen etwas lichter gefärbt und bedeutend mehr erhellt, stärker lichtreflectirend; der Sehnerven - Querschnitt (die Papille) tritt in seiner Begrenzung schärfer hervor, verliert allmählig seine zarte, oberflächliche, röthliche Tingirung, erscheint in höherem Grade erleuchtet, und lässt seine normale grauliche oder grau-bläuliche Färbung deutlicher und peripherisch bestimmter abgegrenzt, hervortreten.

Die Anaemien im Centralgefäss - Systeme kommen entweder als local beschränkte (Ischaemien) oder als Theilerscheinungen einer allgemeinen Gefässanaemie vor.

1. Die Ischaemie in der Netzhaut tritt am deutlichsten entweder als partielle oder totale, bei Embolie der Arteria centralis retinae oder einer ihrer Aeste hervor.

Diese embolische Ischaemie unterscheidet sich von den übrigen Ischaemien und den allgemeinen Anaemien dadurch, dass nur bei geringen Graden derselben der ursprüngliche (normale) Unterschied im Querdurchmesser zwischen Arterien und Venen aufrecht erhalten bleibt.

Ist dagegen die Ischaemie eine hoch- oder höchstgradige, weil der Embolus das Lumen der Arterie zum grössten Theile oder vollständig verstopft, so erscheint der Unterschied im Durchmesser zwischen Arterien und Venen auffallend vergrössert; die Ischaemie ist überwiegend eine arterielle u. zw. auf die grösseren Aeste und Zweige beschränkte, indem die feinsten arteriellen Zweigchen und die Venen, entsprechend dem venösen Blutdrucke in den angrenzenden nicht embolischen Bezirken (wie schon früher erwähnt) ausgedehnt erhalten bleiben.

Dass bei der embolischen Ischaemie die Functions- und Ernährungs-Störung in der Netzhaut eine sehr beträchtliche ist, erscheint selbstverständlich.

Häufiger als die embolische Ischaemie beobachtet man geringe Grade von Ischaemien in Folge angeborener oder erworbener hochgradiger Functionsbeschränkung oder völler Functionslosigkeit des Auges.

Diese f u n c t i o n e l l e n Ischaemien werden häufig mit Atrophie verwechselt, unterscheiden sich jedoch von dieser sehr wesentlich durch alle jene Erscheinungen, welche überhaupt die Anaemie gegenüber der Atrophie charakterisiren. (Siehe weiter unten das Capitel über Atrophie.)

Diese Ischaemien erweisen sich in der grösseren Zahl der Fälle als stationäre; sie bilden sich aber auch, besonders die erworbenen, durch andauernde Schübungen mehr oder weniger, ja selbst vollständig zurück, wie z. B. die Ischaemie in Folge des Nichtgebrauches des Auges beim Schielen, die Ischaemie bei Corneatrübungen etc.

Sie kommen, wie erwähnt, dem Augenarzte nicht selten zur Beobachtung u. zw. als Folge sehr verschiedener, die Functionsbeschränkung veranlassender Momente, so z. B. häufig nach Gehirnleiden, Typhus und anderen schweren, erschöpfenden Allgemein-Erkrankungen.

In Bezug auf veranlassende Momente will ich hier speciell noch auf eine zweifache Reihe von Fällen hinweisen.

Die einen, zahlreicheren Fälle sind die durch acute allgemeine Anaemie veranlassten stationären functionellen Ischaemien.

Nach heftigen Blutflüssen, insbesondere beim Geburtsacte, beobachtet man wiederholt eine unterschiedlich starke und bleibende Herabsetzung des Sehvermögens.

Die Patientinen vermochten noch unmittelbar vor dem Blutverluste Objecte von einer gewissen Kleinheit wahrzunehmen, z. B. eine kleine Druckschrift zu lesen; schon wenige Stunden oder Tage nachher, sobald sie die ununterbrochene Beschäftigung fortsetzen wollen, überzeugen sie sich, dass sie nur mehr grössere Objecte. eine grössere Druckschrift auszunehmen vermögen.

In solchen Fällen lässt sich ausser der geringeren oder grösseren Anaemie im Centralgefäss-Systeme und einer leichten bläulichen Sehnervenentfärbung keine weitere Gewebsveränderung oder irgend welche Ernährungsstörung nachweisen.

Der Grad der gegebenen Ischaemie und functionellen Störung ist je nach der Mächtigkeit des Blutverlustes und den übrigen individuellen Verhältnissen ein unterschiedlicher; gemeiniglich erscheint nach dem erstmaligen Auftreten einer solchen Haemorrhagie

die Ischaemie als eine sehr geringe und daher leicht zu über-
sehende, sowie die Functionsabnahme entsprechend dem Unterschiede von 2—3 aufeinanderfolgenden Nummern meiner Schriftscale.

Diese Ischaemie und Functionsbeschränkung besteht sodann
meistens, wenn keine weiteren Blutflüsse erfolgen, mehr oder weniger
unverändert durch das ganze Leben hindurch. Tritt dagegen eine
neue heftige Haemorrhagie ein, so beobachtet man alsbald eine
unterschiedliche Zunahme der Ischaemie und Herabsetzung des
Sehvermögens, welche Zustände wieder ihrem Grade nach unverändert fortbestehen, wenn nicht ein abermaliger Blutverlust sich
einstellt.

In dieser Art habe ich wiederholt Frauen, die bei jedem
Geburtsacte einen heftigen Blutsturz erlitten, schrittweise ihrer
vollen Erblindung zuschreiten sehen.

Die anderen selteneren Fälle von stationärer functioneller
Ischaemie sind durch die Einwirkung intensiver Kälte veranlasst.

In den von meinem Vater und von mir beobachteten Fällen
waren die Betroffenen stundenlang gegen einen heftigen Schnee-
sturm im offenen Wagen oder Schlitten gefahren, und hatten endlich das Gefühl bekommen, als lägen Eisstücke in den Augenhöhlen.
Im erwärmten Raume angelangt, erholten sie sich bald von ihrer
allgemeinen Erstarrung, bemerkten aber allsogleich eine unterschiedliche Schwächung ihres Sehvermögens, die dann weiterhin mehr
weniger unverändert durch Jahre fortbestand.

In den von mir mit den Spiegel untersuchten Fällen war, wie
früher angegeben, nur ein unterschiedlich hoher Grad von Ischaemie
in der Netzhaut und bläuliche Sehvervenentfärbung nachzuweisen.

Weitere Fälle von Ischaemien der Netzhaut, partielle wie
totale, sah ich in Folge narbiger Contractionen nach Zerreissung
der Netzhaut und ihrer Gefässe durch einen Schlag oder Stoss auf
das Auge, oder durch das directe Eindringen eines fremden Körpers,
auch in Folge eines lang andauernden Druckes auf den Sehnerven
oder den Augapfel durch Neubildungen u. s. w.

Diese Ischaemien waren stets mit mehr oder weniger erheblicher Functionsbeschränkung, oder mit Vernichtung des Sehvermögens verbunden.

2. Die Anaemie im Centralgefäss-Systeme als Theilerscheinung einer allgemeinen Anaemie ist weit seltener zu beobachten, als man im Allgemeinen anzunehmen geneigt ist.

Ich konnte wenigstens in einer grossen Zahl von Fällen, in welchen allgemeine Anaemie diagnosticirt wurde, keine Abnahme im Durchmesser der Netzhautgefässe nachweisen.

Eine deutlich ausgesprochene Anaemie im Centralgefäss-Systeme fand ich bisher:

a) bei Oligaemie in Folge eines mächtig auftretenden massenhaften Blutverlustes, besonders bei Gebärenden, nach Verletzungen u. s. w., und zwar unmittelbar oder kurze Zeit nach der Haemorrhagie.

Je nach der Grösse des Blutverlustes und den constitutionellen Verhältnissen des Individuums, war schon nach wenigen Stunden meistens die Anaemie der Netzhaut wieder verschwunden, dagegen Oligocythämie gepaart mit Hydraemie an ihre Stelle getreten.

Die Beobachtung derartiger Fälle ist insoferne von Interesse, als sich aus ihnen ergibt, wie rasch unter übrigens günstigen Verhältnissen, sich der Verlust an Blut durch Aufnahme von Flüssigkeit ins Gefäss-System ersetzt.

Nur bei sehr herabgekommenen, durch anderweitige Leiden erschöpften Individuen fand ich nach grossen Blutverlusten, unter gleichzeitiger Entwickelung von Oligocythaemie und Hydraemie, eine andauernde Anaemie eingeleitet.

b) In vielen Fällen von Inanitionsanaemie, besonders aber in Folge verschiedener schwerer, lange andauernder, erschöpfender Krankheiten.

Meistens ist hier die Netzhautanaemie nur in geringerem Grade ausgeprägt; in einzelnen Fällen jedoch sah ich sie, ohne dass eine Verminderung der Sehschärfe nachzuweisen gewesen wäre, in dem Maasse zunehmen, wie sie sonst nur bei äusserst hochgradiger Netzhautatrophie beobachtet wird.

Bei diesen Anaemien war stets mehr oder weniger hochgradige Oligocythaemie und Hydraemie (Hypalbuminose) ausgesprochen; auch ergab sich wiederholt, besonders in den intensiveren Fällen, eine verhältnissmässig bedeutend lichtere Färbung, und ein stärkerer Reflex der Venen, so dass in dieser doppelten Beziehung der Unterschied zwischen Arterien und Venen wesentlich vermindert, ja selbst nahezu aufgehoben, und somit ein geringerer oder höherer Grad von Arteriellbleiben des venösen Blutes ausgeprägt war.

c) In einzelnen Fällen von Chlorose, u. z. in Verbindung mit Oligocythaemie mit oder ohne Hypalbuminose.

d) Häufig bei übermässigem Genusse geistiger Getränke, (beginnendem Delirium tremens), wiederholt bei Nicotinvergiftung (bei Rauchern), ferner nach dem Gebrauche von Secale cornutum (Ergotin) etc.

In einer grossen Zahl von Fällen, in welchen allgemein die Diagnose „Anaemie" gestellt wird, konnte ich, wie früher bemerkt, keine Netzhautanaemie nachweisen; dagegen beobachtete ich in solchen Fällen Folgendes:

α) Nach wiederholten oder lange andauernden Blutungen, selbst bei mehreren Fällen, in welchen die allgemeinen Erscheinungen der Anaemie so mächtig entwickelt waren, dass eine Transfusion von Blut dringend angezeigt erschien, fand ich mit wenigen Ausnahmen bisher stets die Centralgefässe von normalem oder doch nahezu normalem Durchmesser, ebenso fand ich die Grösse des Farbunterschiedes zwischen Arterien und Venen normal; jedoch die Blutsäulen unterschiedlich blass gefärbt und mit starkem Reflexe versehen, somit Oligocythaemie [1]) und Hydraemie.

β) Bei Anaemie in Folge schlechter und ungenügender Nahrungsmittel, unzweckmässiger Lebensweise, übermässiger geistiger und körperlicher Anstrengungen oder Ausschweifungen, in Folge des zu langen Säugenlassens der Kinder und verschiedener andauernder Säfteverluste etc., sowie endlich in Folge der verschiedensten chronischen Leiden fand ich ebenfalls unterschiedliche Grade von Oligocythaemie und Hypalbuminose, andererseits auch verhältnissmässig lichtere Färbung der Venen gegenüber den Arterien, also Arteriellbleiben des Blutes in den Venen verschiedenen Grades.

γ) In Fällen, wo gemeiniglich die Diagnose „Chlorose" gestellt wird, oder in welchen trotz günstiger Nahrungsaufnahme und Lebensverhältnisse die Betreffenden ein anaemisches Ansehen hatten, ihre Ernährung ungünstig erschien, ergab sich mir ein sehr unterschiedlicher Spiegelbefund.

---

[1]) Da man bei dunklerer oder lichterer Färbung des Blutes mittelst des Augenspiegels nicht unterscheiden kann, ob dieselbe durch eine Vermehrung oder Verminderung der rothen Blutkörperchen oder des in ihnen enthaltenen Haemoglobins hervorgerufen sei, so kann ich als Ophthalmoskopiker die Schwankungen im Haemoglobingehalte der Blutkörperchen nicht in Rechnung bringen, und stelle somit die absolute Zu- oder Abnahme der Blutfärbung in ein directes Verhältniss zur relativen oder absoluten Vermehrung oder Verminderung rother Blutkörperchen, und spreche daher in den betreffenden Fällen von Polycythaemie und Oligocythaemie.

In diesen Fällen waren die Netzhautblutsäulen grösstentheils von normalem Querdurchmesser, und mehr oder weniger lichterer Färbung. Es zeigte sich jedoch gleichzeitig in einigen Fällen ein normal intensiver Reflex, also blos Oligocythaemie; in der grösseren Zahl der Fälle eine Verstärkung des Reflexes, somit Oligocythaemie mit Hypalbuminose (Hydraemie); in anderen nicht seltenen Fällen zeigte sich ein unverhältnissmässig stärkerer Reflex an den Venen, also Oligocythaemie mit überwiegender Hypalbuminose im Venensysteme; endlich fand sich eine unverhältnissmässig lichte Färbung der Venen gegenüber den Arterien, also Oligocythaemie mit unterschiedlich hochgradigem Arteriellbleiben des Blutes in den Venen.

δ) In Fällen, besonders dei Kindern und jungen Leuten, in welchen trotz günstiger äusserer Verhältnisse, trotz normaler Hautfarbe und scheinbar hinlänglichen Blutreichthumes, die Ernährung ungenügend, die körperliche und geistige Entwicklung mehr weniger gehemmt erschienen, ergaben die Netzhautblutsäulen einen normalen Querdurchmesser, und eine normale, ja selbst erhöhte Färbung; dagegen aber einen auffallend stärkeren Reflex, sowohl von Seite der Arterien als auch der Venen — oder gegenüber den Arterien eine unverhältnissmässig lichte Färbung des Venenblutes, und somit einen normalen Reichthum an rothen Blutkörperchen, ja selbst Polycythaemie gepaart mit Hybalbuminose oder Arteriellbleiben des Blutes in den Venen.

Ueberblickt man das bisher Erwähnte, so fand ich in den Fällen, welche man überhaupt zu den Anaemien zählt, im Centralgefäss-Systeme einestheils wirkliche Anaemie, andererseits einen normalen Blutreichthum: ferner: Oligocythaemie allein, oder Oligocythaemie mit Hypalbuminose, oder Hypalbuminose allein oder Hypalbuminose mit Polycythaemie, oder überwiegende Hypalbuminose im Venenblute, oder endlich Arteriellbleiben des Blutes in den Venen.

Dass diese einzelnen Formen nicht immer vollkommen scharf abgegrenzt vorkommen, sondern auch mehrfach in unterschiedlichem Grade sich weiterhin mit einander verbinden, ist, wie es schon aus dem Vorhergehenden erhellt, selbstverständlich.

Rücksichtlich der Function des Auges, ist in der grösseren Zahl der Fälle keine wesentliche Herabsetzung der Sehschärfe, häufig dagegen eine Beschränkung der Functionsdauer, eine schneller eintretende Ermüdung nachzuweisen; nur in einzelnen und besonders hochgradigen Fällen ergibt sich eine unterschiedliche Vergrösserung des kleinst-wahrnehmbaren Netzhautbildes.

Was die Blässe der äusseren Haut, sowie häufig auch der sichtbaren Schleimhäute bei Anaemie im Allgemeinen anbelangt, so zeigt sich aus dem Erwähnten, dass sie zum Theile auf Rechnung einer verminderten Quantität, zum Theile auf eine lichtere Färbung des Blutes zu stellen kömmt.

Bei den acuten Anaemien ist die Blässe der Haut- und Schleimhäute allein durch die Verminderung des Blutgehaltes der Gefässe bedingt.

In den chronischen Anaemien und in den übrigen zu den Anaemien gezählten Fällen, ist theils ein allgemein geringerer Blutreichthum überhaupt, theils ein geringerer Blutreichthum bloss an der Oberfläche des Körpers, theils eine lichtere Färbung des Blutes Ursache der Blässe.

Atrophie.

Die Atrophie im Ernährungsgebiete des Centralgefäss-Systemes characterisirt sich durch eine gleichmässige Abnahme der Blutsäulen in ihrem Quer- wie Längendurchmesser, durch eine lichtere Färbung derselben und eine Verminderung des Reflexes, durch das Sichtbarwerden der Gefässwandungen unter gleichzeitigem Hervortreten der regressiven Metamorphose im übrigen Netzhautgewebe, durch grauliche Verfärbung des Sehnervenkopfes, und durch eine entsprechend hochgradige Beschränkung, weiterhin aber durch vollständige Aufhebung des Sehvermögens.

Die Abnahme der Blutsäulen am Querdurchmesser scheint nach allen Richtungen, u. z. im ganzen Verlaufe, sowie in den Verzweigungen der einzelnen Netzhautgefässe, ziemlich gleichmässig zu erfolgen.

Hiedurch wird die Blutsäule immer schmäler und schmäler, und entzieht sich zuerst in den feinsten Gefässverzweigungen, später in den nächst stärkeren Gefässen vollständig dem Blicke.

Die Abnahme am Längendurchmesser tritt nicht in gleich auffallender Weise hervor, und markirt sich durch einen allmälig zunehmenden, mehr gestreckten Verlauf der Gefässe. Derselbe ist durchschnittlich bei den gewöhnlich stärker geschlängelten Venen leichter nachzuweisen, als an den mehr geradlinig verlaufenden Arterien. .

Bei dieser Abnahme im Lumen der Gefässe bleibt der physiologische Unterschied zwischen Venen und Arterien ziemlich constant aufrechterhalten. — mag die Atrophie im geringeren oder in höherem Grade ausgeprägt sein, die Arterien erscheinen ihrem Querdurchmesser nach stets, wie ursprünglich, um $^1/_3$ bis $^1/_4$ schmäler als die Venen.

Die letzteren entziehen sich daher viel später dem Blicke als die gleichwerthigen Arterien, und sind noch als zarte, feine Linien zu erkennen, nachdem schon längst die Arterien vollkommen verschwunden sind.

Eine Ausnahme hievon macht durchschnittlich die durch Embolie, durch Druck auf eine Arterie oder durch Zerreissung derselben eingeleitete Atrophie.

In diesen Fällen ist bei mässigem Grade der Atrophie, der physiologische Unterschied zwischen Arterie und Vene aufrechterhalten; bei hochgradiger Atrophie dagegen wird dieser Unterschied auffallend vergrössert. Die venöse Blutsäule erscheint noch verhältmässig breit, wenn schon die arterielle Blutsäule vollkommen unkenntlich geworden ist.

Durch ein solches Verhältniss kann daher oft auch in späteren Perioden, ja nach Jahren das veranlassende Moment der Atrophie, die Embolie etc., nachgewiesen werden.

In demselben Maasse, als die Blutsäulen an ihrem Querdurchmesser abnehmen, erscheinen die Arterien sowie die Venen lichter gefärbt, u. z. unter Aufrechterhaltung des ursprünglichen Farbenunterschiedes zwischen ihnen. Die arterielle Blutsäule entzieht sich daher auf dem gelbrothen Augengrunde dem Blicke viel frühzeitiger als die venöse, d. i. schon bei einer Breite, bei welcher die venöse Blutsäule noch deutlich als röthliche Linie zu erkennen ist.

Bedeutend auffallendere Veränderungen ergeben sich am Reflexphänomene.

Bei beginnender Atrophie erscheint der Reflex von nahezu normaler Intensität, nimmt jedoch im Verhältnisse zur Verschmälerung der Blutsäulen an Breite ab.

Entwickelt sich dagegen die Atrophie in einem einigermassen erheblichen Grade, so verliert der Reflex nicht nur fortwährend an

Breite, sondern auch in bedeutend höherem Maasse an Lichtintensität, und entzieht sich sohin bald vollständig dem Blicke.

Hiedurch erscheinen, wenn Atrophie vorhanden ist, die Blutsäulen bei einer so geringen Verschmälerung schon vollkommen
reflexlos, bei welcher unter physiologischen Verhältnissen das Reflexphaenomen noch mit voller Deutlichkeit hervortritt.

Diese Abschwächung und das frühzeitige Verschwinden des
Reflexes wird durch die in Folge der regressiven Metamorphose hervortretende Sclerose, und durch weitere Veränderungen in der Gefässwand veranlasst, Veränderungen, durch welche andererseits das
Sichtbarwerden der Gefässwandungen bei Atrophie bedingt ist.

Haben sich diese Veränderungen nämlich bis zu einem bestimmten höheren Grade entwickelt, so sieht man an Einer Seite
oder zu beiden Seiten der Blutsäulen, entweder blos an einzelnen
Stellen oder mehr verbreitet, besonders an den grösseren Gefässen,
bandartige Streifen hervortreten.

Dieselben schliessen sich unmittelbar an die Blutsäulen an,
und verfolgen dieselben in ihren Windungen und Theilungen, auf
geringeren oder grösseren Strecken, ja ihrem ganzen Verlaufe nach.

Ihre Farbe ist bald zart graulich, rauchtopasartig, bald grau-
weisslich, selbst weiss; sie erweisen sich hiebei theils in hohem
Grade durchscheinend, glasartig, theils trübe, wenig lichtreflectirend,
oder auch stark erhellt, undurchsichtig, ja glänzend.

Ihre Breite entspricht der Dicke der Gefässwandungen, und
beträgt bei geringgradiger Atrophie $1/3$ bis die Hälfte des Durchmessers der Blutsäulen; in dem Maasse aber, als die Abnahme der
Blutsäulen am Querdurchmesser vorschreitet, scheinen sie relativ an
Breite zuzunehmen, und zeigen bald den gleichen, ja einen erheblich
grösseren Querdurchmesser als die Blutsäulen.

An jenen Stellen, wo sich die Blutsäulen ihrer geringen Querdurchmesser und ihrer Färbung wegen, oder weil sie durch die
Trübung der Gefässwand selbst gedeckt sind, allmählich dem Blicke
entziehen, vereinigen sich die zu beiden Seiten der Blutsäule auftretenden Streifen zu einem einfachen breiten Bande, welches in
unterschiedlicher Ausdehnung den weiteren Verlauf und die Verzweigung des blutleeren Gefässes andeutet.

Bei weiterhin fortschreitender Atrophie nehmen diese breiten
Bänder allmählig an Querdurchmesser, theilweise auch ihrer Ausbreitung über den Augengrund nach ab, gewinnen aber auch häufig

mehr und mehr an Helligkeit, und prägen sich zuletzt in unterschiedlicher Ausdehnung als schmale, hell glänzende, glasartige oder mehr weissliche Streifen im Augengrunde aus, die sodann oft durch Jahre hindurch unverändert fortbestehen.

Je nachdem sich die Atrophie, entweder im gleichen oder ungleichen Grade, im ganzen Gebiete der Netzhaut oder nur in einem oder in mehreren Bezirken derselben entwickelt, zeigen auch die Arterien und Venen des ganzen Gebietes oder blos die des einzelnen Bezirkes, aber stets in übereinstimmendem Maasse, die erwähnten Erscheinungen der regressiven Metamorphose.

In dem Maasse, als die Atrophie im Bereiche des Centralgefäss-Systemes sich ausbreitet und dem Grade nach zunimmt, verlieren ferner die Netzhaut und Sehnervenoberfläche (Sehnervenscheitel) ihre äusserst zarte röthliche Tingirung, und zeigen eine mehr weniger ausgesprochene Trübung und eine zarte glasartige Spiegelung, der Augengrund gewinnt an Helligkeit, und die eigenthümliche grauliche Entfärbung, sowie die allseitige Begrenzung des Sehnerven tritt deutlicher hervor.

Die Atrophie im Ernährungsgebiete des Centralgefäss-Systemes entwickelt sich bald langsamer, bald rascher, u. z. entweder gleichmässig oder ungleichmässig vorschreitend, ja selbst durch kürzere oder längere Perioden scheinbaren Stillstandes unterbrochen, und erreicht bei verschiedenen Individuen differente Höhengrade.

In einzelnen seltenen Fällen bildet sie sich aber auch allmählig, mehr weniger unter Wiederherstellung der Funktion der Netzhaut, in unterschiedlichem Grade zurück.

Die Atrophie der Netzhaut tritt selten auf, ohne dass zu irgend einer Zeit Reizungs- oder Entzündungserscheinungen nachzuweisen wären; häufig sind diese Reizungs- und Entzündungserscheinungen nur in der ersteren Zeit der Entwickelung der Atrophie für kürzere oder längere Zeit in geringerem oder intensiverem Maasse ausgeprägt — ja es hat oft den Anschein, als ob nur unter dem Bestande dieser Erscheinungen ein Fortschritt in der Atrophie statthabe, nach dem Verschwinden derselben aber ein Stillstand in der regressiven Metamorphose eintrete.

Hyperaemie.

Ebenso wie die Anaemien erscheinen auch die Hyperaemien im Centralgefäss-Systeme theils als local beschränkte, theils aber als Theilerscheinung einer mehr verbreiteten oder allgemeinen Gefässhyperaemie.

Da die Hyperaemien der Netzhautgefässe, ob sie nun als local beschränkte auftreten wie z. B. bei Entspannung des Bulbus, oder ob sie der Ausdruck einer allgemeinen Gefässhyperaemie sind wie z. B. bei Plethora, keine sehr wesentlichen Verschiedenheiten darbieten; in anderer Beziehung dagegen sehr auffallende Unterschiede ausweisen, so erlaube ich mir in der Darlegung des bisher Beobachteten, und um häufige Wiederholungen zu vermeiden, einer anderen Eintheilung der Hyperaemien, als der bisher gebräuchlichen, zu folgen.

Der Unterschied der Hyperaemien im Centralgefäss-Systeme besteht in erster Linie darin, ob sie gleichzeitig über die arteriellen wie venösen Gefässe verbreitet, oder ob sie nur in den venösen Gefässen entwickelt sind.

Eine erhebliche Hyperaemie der arteriellen Gefässe allein habe ich bisher noch nicht zu beobachten die Gelegenheit gehabt.

I. Hyperaemien des arteriellen und venösen Gefäss-Systemes.

Dieselben zerfallen in solche, bei welchen die Hyperaemie in den Arterien wie den Venen in nahezu gleichem Grade ausgesprochen ist, und in solche, bei welchen die Hyperaemie überwiegend im arteriellen Systeme auftritt.

A. Gleichmässig entwickelte Hyperaemien in den Arterien und Venen.

a) Local beschränkte Hyperaemien.

Dieselben treten entweder in einem kleineren oder grösseren Bezirke oder in der ganzen Ausdehnung des Centralgefäss-Systemes, oder auch gleichzeitig in mehreren Organen auf.

Sie zeigen einen übereinstimmenden Grad von Erweiterung der
Arterien und Venen ihren Querdurchmessern nach, ohne dass eine
Vergrösserung der Längedurchmesser derselben nachzuweisen wäre.

Der normale Unterschied im Querdurchmesser zwischen Arterien
und Venen, sowie die Art ihres ursprünglich mehr gestreckten oder
geschlängelten Verlaufes bleiben daher aufrecht erhalten.

Entsprechend dem Grade der Hyperaemie nehmen die arteriellen
wie venösen Blutsäulen eine dunklere Färbung an, u. zw. unter Aufrechterhaltung des ursprünglichen Farbunterschiedes zwischen Arterien
und Venen.

Der Reflex von der Mitte der Blutsäulen gewinnt in dem
Maasse, als die Hyperaemie sich mehr und mehr entwickelt, deutlich an Breite, ohne dass eine wesentliche Veränderung seiner Lichtstärke zu erkennen wäre.

Der Augengrund (die Netzhaut und der Sehnervenscheitel) wird
durch diese Hyperaemien seiner Färbung nach nicht wesentlich verändert.

Zu diesen Hyperaemien gehören:

1. Die collaterale Hyperaemie.

Dieselbe tritt in geringerer oder grösserer Ausdehnung, in
mässigem oder höherem Grade auf, je nachdem der Embolus oder
das sonstige Stromhinderniss einen kleineren oder grösseren Ast der
Arteria centralis retinae entweder nur zum Theile oder vollständig
verschliesst.

In solchen Fällen ist daher die Hyperaemie auch stets mit
local beschränkter Netzhautanaemie (Ischaemie) verbunden.

2. Die Entspannungshyperaemie.

Im geringen Grade ist dieselbe wiederholt unmittelbar nach
erfolgter Schieloperation zu beobachten; höhere Grade derselben,
u. zw. auf die Dauer eingeleitet, fand ich öfters bei verunglückten
Schieloperationen, bei welchen der Bulbus aus der Orbita erheblich
hervorgetreten, nach der einen Seite abgelenkt war, und wo der
durchschnittene Muskel keinen weiteren Einfluss auf Bewegung und
Spannung des Augapfels auszuüben vermochte.

Erhebliche Grade von Hyperaemie ergeben sich ferner in vielen
Fällen nach Anwendung von warmen Umschlägen auf das Auge, bei
plötzlicher Entfernung eines durch längere Zeit getragenen festan-

liegenden Druckverbandes, besonders aber bei Entspannung des Bulbus in Folge von Perforation der Formhäute durch eine Verletzung u. s. w.

In solchen Fällen ist die Hyperaemie wiederholt so bedeutend, dass Extravasationen erfolgen.

3. Die congestive Hyperaemie.

Bei starkem Abwärtsneigen des Kopfes, besonders aber wo an und für sich schon ein bedeutender Andrang des Blutes nach dem Kopfe (Congestion) statt hat, beobachtet man in vielen Fällen sehr unterschiedliche Grade von Hyperaemie des Centralgefäss-Systemes.

b) Allgemeine Hyperaemien.

1. Bei beschleunigter Herzbewegung, nach starker Muskular-anstrengung, nach Genuss grösserer Quantitäten geistiger Getränke u. s. w.

Die Erscheinungen im Centralgefäss-Systeme sind hier dieselben wie bei den local beschränkten Hyperaemien.

2. Bei Plethora vera.

Die Arterien und Venen zeigen eine allseitige, gleichmässige, im Ganzen jedoch nicht sehr erhebliche Vergrösserung ihrer Querdurchmesser unter Aufrechterhaltung ihres physiologischen Unterschiedes.

Die Gefässe sind in ihren feinsten Verzweigungen deutlicher und weiter als gewöhnlich zu verfolgen, und es gewinnt die Netzhaut den Anschein eines grösseren Gefässreichthums.

Der Längedurchmesser der Gefässe ist nicht nachweisbar vergrössert.

Die Farbe des arteriellen wie venösen Blutes, besonders des ersteren ist dunkler (saturirter roth), der Farbunterschied zwischen Arterien und Venen daher häufig ein geringerer.

Der Reflex erweisst sich entsprechend breiter, aber deutlich in seiner Lichtintensität abgeschwächt.

Der Augengrund im Allgemeinen erscheint normal erhellt, die Netzhaut und der Sehnervenscheitel sind etwas lebhafter geröthet.

3. Bei Habitus apoplecticus.

Die Arterien und Venen sind in unterschiedlichem, oft sehr erheblichem Grade, selbst um mehr als die Hälfte in ihrem Querdurchmesser erweitert, und bis in die feinsten Verzweigungen zu verfolgen.

Diese Erweiterung der Gefässe ist nicht immer eine gleichmässige, sondern häufig erscheint das eine oder das andere Gefäss entweder in seinem ganzen Verlaufe oder blos an einzelnen Stellen, wenn auch nur in sehr geringem Grade, verbreitert.

Ebenso zeigen öfters einzelne Gefässe an der einen oder an der anderen Stelle, oder auch im Ganzen einen etwas mehr geschlängelten Verlauf, d. i. eine geringere Vergrösserung ihres Längendurchmessers.

Der Unterschied im Durchmesser der Arterien und Venen ist unter solchen Verhältnissen bald normal, bald vergrössert, bald verringert und hiebei meistens ein ungleicher.

Das Gefäss-System erscheint daher im Ganzen auffallend mächtig entwickelt, strotzend von Blut, und bekommt in manchen Fällen einen eigenthümlichen, abnormen, ungleichartigen Ausdruck, welcher dem Charakter des Venensystemes während entzündlicher Vorgänge und nach denselben (atonische Gefässerweiterung) sich nähert.

Die Farbe des arteriellen wie venösen Blutes ist auffallend dunkler, selbst sehr zart rauchartig- (schwärzlich-) roth und dabei von mattem Ansehen. Die Differenz in der Färbung zwischen Arterien und Venen erscheint in einzelnen Fällen in Folge der verhältnissmässig dunkleren Arterien etwas geringer.

Der Reflex von den Gefässen ist breit, aber auffallend schwach und ungleich.

Der Augengrund erscheint im Allgemeinen weniger erhellt, die Netzhaut und der Sehnervenscheitel sind dunkler roth, selbst von mattem, rauchartigem Ansehen.

Treten unter solchen Verhältnissen Reizerscheinungen in der Netzhaut hervor, so steigert sich die Gefahr einer Gefässzerreissung in sehr erheblicher Weise, und man kann unter derartigen Umständen wiederholt mit einiger Wahrscheinlichkeit auf eine früher oder später eintretende Apoplexie hinweisen.

4. Bei Fieber.

Im Hitzestadium intensiver (acuter) Fieberanfälle erscheinen die Arterien und Venen des Centralgefäss-Systemes in ihrer ganzen Ausdehnung und unter Aufrechthaltung ihres physiologischen Unterschiedes gleichmässig ihrem Querdurchmesser nach vergrössert.

7*

Diese Gefässausdehnung ist, der Intensität des Fiebers entsprechend, eine unterschiedliche, im Ganzen jedoch keine sehr beträchtliche.

Eine Verlängerung der Gefässe und daher eine stärkere Schlängelung derselben, ist nicht nachzuweisen.

Die Färbung der arteriellen und venösen Blutsäulen ist erheblich mehr saturirt roth ,und von lebhafterem Ausdrucke, beinahe leuchtend; der Unterschied in der Farbe zwischen Arterien und Venen ist hiebei der normale oder auch etwas geringer, u. zw. auf Rechnung der verhältnissmässig weniger erhöhten Färbung des venösen Blutes.

Der Reflex ist breiter und auffallend in seiner Lichtstärke erhöht, insbesondere bei den Venen, so dass hiedurch der Unterschied im Reflexe zwischen Arterien und Venen erheblich vermindert wird.

Der Augengrund erweist sich im Allgemeinen stark erleuchtet, die Netzhaut und der Sehnervenscheitel von gleichmässiger zart röthlicher, aber lebhafter Färbung.

B. Hyperaemie mit überwiegend stärkerer Ausdehnung der Arterien (Blutstockung).

Dieselbe beobachtete ich wiederholt u. zw. verbreitet über das ganze Centralgefäss-System unter gleichzeitiger sichtbarer Verlangsamung der Blutbewegung und dem schliesslichen Eintritte von Stase.

In diesen Fällen nahmen die arteriellen wie venösen Blutsäulen, u. zw. die ersteren überwiegend, an Querdurchmesser und Färbung allmählig aber constant zu, bis endlich jeder Unterschied hierin verschwunden war und die Arterien sich eben so breit und dunkel gefärbt zeigten, wie die Venen.

Die Erweiterung der Gefässe trat im Ganzen genommen in unterschiedlichem aber immerhin sehr beträchtlichem Grade auf. In Einem Falle war sie eine der mächtigsten, die ich überhaupt beobachtete, indem die grösseren venösen Blutsäulen einen $2^{1}/_{2}$fachen, und die arteriellen Blutsäulen mehr als den 3fachen Querdurchmesser wie im normalen Zustande auswiesen.

Diese Erweiterung erschien in den einzelnen Fällen stets gleichmässig ausgeprägt an gleichwerthigen Arterien und Venen, u. zw. von einer Theilungsstelle bis zur nächsten; sie trat jedoch an den

kleineren Gefässen verhältnissmässig stärker als an den grösseren
hervor.

Eine wesentliche Verlängerung, eine stärkere Krümmung
(Schlängelung) der Gefässe war nicht zu erkennen.

Die Farbe des Blutes ergab in den einzelnen Fällen keine erheblichen Unterschiede, und war in den grösseren wie in den kleineren Gefässen die gleiche, u. zw. eine sehr dunkel venöse, bläu-
lich rothe.

Der Reflex der Blutsäulen nahm im Verhältnisse zur Gefässerweiterung allmählig an Breite zu, aber an Lichtintensität ab, und
verschwand in einzelnen Fällen zur Zeit der stärksten Hyperaemie
beinahe vollkommen.

Mit der Entwicklung dieser Gefässerscheinungen verminderte
sich die allgemeine Erleuchtungsintensität des Augengrundes und
vermehrte sich die röthliche Färbung der Netzhaut und des Sehnervenscheitels, jedoch lange nicht in dem Verhältnisse wie bei ent-
zündlichem Netzhautleiden, oder auch nur bei einigermassen erheblicher Netzhautreizung.

Der Augengrund zeigte noch immer eine gelbröthliche, wenn
auch dunklere Färbung, und der Sehnerv blieb in seiner lichteren
Farbe und in seiner Begränzung deutlich erkennbar.

Die interessanteste Erscheinung in diesen Fällen war das Sichtbarwerden der Blutcirkulation und die Verlangsamung derselben bis
zur Stase.

Hatte die Verbreiterung und dunkle Färbung der Blutsäulen
in den Arterien wie in den Venen einen nahezu gleichen Grad erlangt, so traten in beiden allmählig und immer deutlicher Bewegungserscheinungen hervor.

Die arteriellen sowie die venösen Blutsäulen erschienen nicht
mehr unverändert, gleichsam starr wie unter physiologischen Verhältnissen, sondern es gab sich in denselben anfangs eine Bewegung
in ähnlicher Art kund, als würde feiner Sand mit sehr grosser Geschwindigkeit durch eine Glasröhre hindurch getrieben.

Diese Erscheinung, zuerst undeutlich und dann bestimmter
hervortretend, veränderte sich weiterhin immer mehr und mehr. Die
Bewegung schien an Raschheit abzunehmen, und im Blutstrome die
Körnung immer deutlicher und mächtiger sich hervorzubilden.

Allmählig konnte man mit Sicherheit erkennen, dass sich
dunkelrothe Körner, suspendirt in einem farblosen, durchsichtigen

Medium, mit grosser Raschheit, u. zw. in den Arterien in centri-
fugaler, in den Venen aber in centripetaler Richtung weiter be-
wegten.

Diese rothen Körner nahmen weiterhin an Grösse und gegen-
seitigem Abstande zu, verminderten sich der Zahl nach und be-
wegten sich immer langsamer.

Hatten diese rundlichen Körner endlich einen Durchmesser,
entsprechend dem Lumen des jeweiligen Gefässes erlangt, so nahmen
sie allmählig an Länge zu, und füllten das Gefässrohr in kleinerer
oder grösserer Ausdehnung vollständig aus.

Bei weiterer Abnahme der Bewegung konnte man nun deutlich erkennen, dass das Blut sich in dunkelrothe und in durchsichtige, nahezu farblose (sehr schwach röthlich gelbe) Theile getrennt
hatte.

Der rothe Blutantheil bildete Cylinder, deren Breite dem
Lumen des jeweiligen Gefässes entsprach, deren Länge dagegen sehr
beträchtlich mit dem geringeren Querdurchmesser der Gefässe
zunahm.

In den Hauptstämmen hatten die Cylinder eine gleiche oder
die 2- bis höchstens 3-fache Länge ihres Querdurchmessers, in den
mittleren Gefässen eine 4- bis 8-fach grössere Länge als Breite;
die kleinsten Gefässe wurden ihrer Länge nach von diesen Cylindern
zum grössten Theile, ja bei fortdauernder Bewegung durch längere
Zeit vollkommen ausgefüllt.

Diese Cylinder waren, wie erwähnt, in ein und demselben Gefässe unter sich nicht von gleicher Grösse, veränderten aber auch
ihre Länge mehrfach, da sich während ihrer Weiterbewegung wiederholt mehrere kürzere Cylinder zu einem längeren vereinten, oder
ein solcher in mehrere kürzere zerfiel.

Der durchsichtige, nahezu farblose Blutantheil füllte in den
Zwischenräumen der rothen Cylinder ebenfalls das Lumen der Gefässe ihrer Breite nach vollständig aus, und bildete sowie der rothe
Blutantheil ebenfalls Cylinder, u. zw. abwechselnd bald von gleicher,
bald von grösserer oder geringerer Länge.

Gelangten bei der rascheren oder langsameren Weiterbewegung
des Blutes in den Arterien diese Cylinder an eine Theilungs- oder
Abzweigungsstelle des Gefässes, so trennten sie sich in nahezu gleiche
Theile, wenn die zwei Aeste einen gleichen Querdurchmesser be-
sassen und unter gleichem Winkel vom Muttergefäss sich abzweigten.

War der eine Ast etwas kleiner, oder zweigte er sich unter einem bedeutend stumpferen Winkel vom Muttergefässe ab, so trat in denselben ein erheblich kleinerer Theil des röthlichen, dagegen ein entsprechend grösserer Theil des farblosen Cylinders ein.

Zweigte sich von einer grösseren Arterie an irgend einer Stelle ein bedeutend kleinerer Ast, besonders aber unter einem stumpfen Winkel ab, so rückten rothe Cylinder wiederholt ungetheilt an demselben vorüber; andere wieder gaben einen kleineren oder grösseren Antheil an denselben ab. Der Ast blieb jedoch stets durch den erneuerten Eintritt farbloser Blutflüssigkeit gefüllt.

Entsprang endlich aus einem grösseren Gefässe ein äusserst feines Zweigchen, so trat nur sehr selten, meistens jedoch gar kein rothes Blut in dasselbe über.

Anders verhielt sich dagegen die Blutvertheilung in diesen kleinen und feinsten Aesten und Zweigchen, wenn sie aus stets gleichwerthiger Theilung grösserer Arterien hervorgingen.

In diesen Fällen wurden sie in regelmässiger Weise mit rothem und durchsichtigem Blute abwechselnd gespeist. Die rothen und durchsichtigen Blutcylinder erfüllten hiebei, je nach der Raschheit der Blutbewegung, diese kleineren Gefässe für kürzere oder längere Zeit zum grössten Theile oder auch vollständig, wodurch diese Gefässchen bei oberflächlicher Betrachtung zeitweilig mit (rothem) Blut gefüllt, dann aber wieder blutleer, oder auch wie pulsirende Gefässe erschienen.

In den Venen traten die rothen und farblosen Blutcylinder im Allgemeinen in derselben Art und Weise auf wie in den Arterien, zeigten jedoch häufig eine grössere Ungleichheit, insbesondere einen geringeren Längendurchmesser.

Gelangten nämlich aus zwei kleineren Venen zu gleicher Zeit oder in sehr kurzen Abständen hintereinander zwei rothe Cylinder in die gemeinsame grössere Vene, so vereinigten sich dieselben zu einem einzigen Cylinder; war jedoch der gegenseitige Abstand der eben eingetretenen zwei rothen Cylinder ein grösserer, so blieben sie auch häufig in dieser grösseren Vene getrennt, u. zw. bis zur Stelle, wo eine neue Vene eintrat. Der rothe Cylinder, der weiters aus dieser letzten Vene in die gemeinsame grössere Vene eindrang, vereinigte sich sofort mit dem einen oder dem anderen der früher erwähnten Cylinder, oder auch gleichzeitig mit beiden.

In dem Momente, wo der rothe Cylinder aus der kleineren
Vene in die grössere übertrat, füllte er der Breite nach auch das
Lumen der grösseren Vene aus, und erschien daher auffallend ver-
kürzt oder bei Vereinigung mit dem Cylinder der zweiten kleinen
Vene doch bedeutend kürzer als die Länge der ursprünglichen Cylin-
der zusammen genommen.

Die Bewegung dieser Cylinder war, wie früher erwähnt, im
Anfange eine äusserst rasche und wurde allmählig immer langsamer,
sie erschien jedoch in den einzelnen Gefässen nicht gleichmässig;
sie war in den grösseren Gefässen stets verhältnissmässig langsamer,
in den kleinen rascher, und in den kleinsten am schnellsten.

Die Bewegung selbst erwies sich hierbei in den einzelnen Gefässen ziemlich gleichmässig vorschreitend, und nur in einzelnen
Gefässen beobachtete man wiederholt für kürzere oder längere Zeit
ein auffallend langsameres Vorrücken oder selbst einen Stillstand
der Cylinder.

War die Verlangsamung der Blutbewegung bis zu einem gewissen Grade vorgeschritten, so beobachtete man in dem einen oder
anderen Gefässbezirke oder auch gleichzeitig im ganzen Centralge-
fässgebiete einen plötzlichen Stillstand der Cylinder, — welch' letztere
sich jedoch alsbald wieder gleichmässig fortbewegten.

Kürzere oder längere Zeit hierauf trat abermals ein Stillstand
mit darauf erfolgender gleichmässiger Bewegung ein, worauf dann
Stillstand und Bewegung in immer kürzeren Zwischenräumen sich
folgten, bis endlich im ganzen Gefässgebiete die Blutmasse nur ruck-
weise (stossweise) vorgeschoben wurde.

Hatte diese Bewegungsart einige Zeit angedauert und dabei
wesentlich an Raschheit abgenommen, so erfolgte plötzlich ein Hin-
und Herschwanken, ein Vor- und Rückwärtsschieben der ganzen
Blutmasse in immer geringeren Excursionen.

Diese Bewegung ging in ein Vibriren, Erzittern der Cylinder
über, und schliesslich trat ein allseitiger und andauernder Stillstand
ein — die Stase war vollendet.

Diese Stase erwies sich jedoch in den beobachteten Fällen
nicht als eine absolute, indem man in den grösseren arteriellen
Stämmen, u. zw. anfangs im Verlaufe von 5 bis 10 Minuten, späterhin innerhalb grösserer Zeiträume, ein allmähliges Vorschieben der
rothen Cylinder um ihre halbe oder ganze Länge beobachten konnte,
wobei die farblosen Cylinder sich verkürzten, oder wobei sie selbst

verschwanden, um an anderen Stellen sich wieder zu bilden, im Ganzen aber an Ausdehnung stetig abnahmen.

Die Stase dauerte in den beobachteten Fällen einen bis mehrere Tage an, worauf sich allmählig die Blutbewegung wieder einstellte, und die Rückbildung aller übrigen Erscheinungen erfolgte.

Man beobachtete hiebei zuerst ein Erzittern, dann ein Hin- und Herschwanken, und endlich ein ruckweises Vorschieben der Blutcylinder, anfangs bloss in Einem Gefässbezirke, später im ganzen Gefässgebiete.

Aus diesem unterbrochenen Vorrücken der Blutmasse entwickelte sich sodann allmählig eine continuirliche, zuerst ungleiche, später gleichmässige und immer schnellere und schnellere Bewegung.

Diese Bewegung nahm nun fortwährend an Raschheit zu. Man konnte alsbald die einzelnen Cylinder nicht mehr genau unterscheiden, es hatte den Anschein, als würde eine gekörnte Masse im raschen Fluge innerhalb der Gefässe dahin eilen; endlich entzog sich auch diese Bewegung dem Blicke und die nun gleichmässig gefärbten Blutsäulen erschienen eben so ruhig, starr, wie unter normalen Verhältnissen.

Auch während dieser Wiedereinleitung der Blutcirculation konnte man sich, solange überhaupt das Vorrücken der Blutcylinder genau zu verfolgen war, überzeugen, dass die Bewegung, wie bei Verlangsamung des Blutstromes, zu gleicher Zeit stets am raschesten in den kleinsten Gefässen, langsamer in den mittleren und verhältnissmässig am langsamsten in den grössten Gefässen war.

Kürzere oder längere Zeit, nachdem die Bewegungserscheinungen unsichtbar geworden waren, trat nun auch die Rückbildung der übrigen Gefässerscheinungen ein.

Die Venen nahmen allmählig an Dicke und Färbung ab, dessgleichen die Arterien, aber in höherem Maasse; die Netzhaut und der Sehnervenscheitel wurden blasser; der Augengrund gewann an Erleuchtungsintensität, und zeigte endlich in jeder Beziehung einen normalen Ausdruck.

Die Functionsstörung war in den gegebenen Fällen stets sehr beträchtlich. Das Sehvermögen sank rasch auf blos quantitative Lichtempfindung, und war während des Bestehens der Stase vollständig aufgehoben. Mit Widereintritt der Blutbewegung erwachte die Lichtempfindung, und steigerte sich in Fällen, in welchen kein neues Sehhinderniss sich entwickelte, allmählig zu einem nahezu gleichen Sehvermögen, wie es ursprünglich bestanden.

In Betreff des eben geschilderten Vorganges möchte ich noch speciell folgende Momente hervorheben:

1. Die Trennung des Blutes unter Verlangsamung der Circulation in einen dunkelrothen und einen nahezu farblosen Antheil.

Die rothen Cylinder dürften der Wesenheit nach, aus einem innigen Aneinanderschliessen der farbigen Blutkörperchen hervorgegangen sein, wobei das an Blutkörperchen arme Blutplasma vor Allem das Lumen der Gefässe in den Zwischenräumen der rothen Cylinder füllte.

Das innige Aneinanderschliessen der Blutkörperchen scheint nicht durch eine Gerinnung des Blutes, sondern durch eine gegenseitige Anziehung der Blutkörperchen bedingt zu sein.

Hiefür spricht die übereinstimmende Form der rothen Cylinder, bei schwach convexer vorderer und hinterer Begrenzung. Ferner: die rasche und vollständige Verbindung zweier oder mehrerer Cylinder bei gegenseitiger Berührung oder dann, wenn die sie trennende Plasmaschichte sehr schmal wurde; andererseits aber die leichte und vollständige Trennung längerer Cylinder bei glatten Trennungsflächen. Ferner: die leichte und ohne erkennbaren Widerstand und ohne Zögerung erfolgende Theilung der Cylinder an der Abzweigungsstelle grösserer oder mittlerer Aeste: andererseits das ungestörte Vorübergleiten der Cylinder an der Abzweigungsstelle verhältnissmässig sehr kleiner Zweige. Endlich: das ungestörte Hindurchtreten der Cylinder durch die Capillargefäss-Schichte.

Durch diese bei der Verlangsamung der Blutbewegung und bei der Stase deutlich zur Anschauung gelangende Anziehung der rothen Blutkörperchen untereinander, scheint somit überhaupt die centrale Stellung der rothen, und die periphere Stellung der weissen Blutkörperchen bei normalem Kreislaufe, sowie der geringe Widerstand den die Gefässwandungen der Blutbewegung entgegensetzten, herbeigeführt zu sein.

Ob in diesen Fällen der Verlangsamung und des Aufhörens der Blutbewegung die weissen Blutkörperchen in den rothen oder farblosen Cylindern enthalten waren, liess sich nicht entscheiden.

2. Die grössere Geschwindigkeit der Blutbewegung in den kleineren Gefässen.

Die Geschwindigkeit des Blutstromes nahm in den bisher beobachteten Fällen, von den Hauptstämmen des Centralgefäss-Systemes
bis zu dessen kleinsten, noch mit Sicherheit wahrzunehmenden
Zweigchen, in entsprechend gleichmässigem u. zw. erheblichem
Grade zu.

Sie dürfte nach allgemeiner Schätzung in den letzteren 6 bis
8 mal schneller als in den ersteren gewesen sein.

Die Differenz in der Beschleunigung innerhalb der verschieden
grossen Gefässe, erschien nahezu gleich in dem arteriellen wie in
dem venösen Systeme, sie blieb dieselbe, ob die Blutcirculation im
Centralgefäss-Systeme überhaupt eine raschere oder langsamere war.

Diese Differenz in der Geschwindigkeit der Blutbewegung scheint
allein daraus erklärt werden zu können, dass die Summe der Querschnitte der aus einer Theilung hervorgehenden Gefässe stets kleiner
war, als der Querschnitt ihrer Muttergefässe.

Für diese Erklärung spricht noch ein anderes Moment.

Die rothen wie die farblosen Cylinder zerfielen nämlich in
jenen Fällen, wo ein Gefäss in zwei vollkommen gleiche Aeste sich
theilte, bei ihrem Uebergang in letztere, stets in gleich grosse,
jedoch bedeutend längere Theile als im Mutterstamme.

Die Cylinder waren überhaupt umso länger, je kleiner der
Querschnitt des Gefässes war.

In den Hauptgefässen war die Länge der Cylinder gleich ihrem
Querdurchmesser, oder sie war 2 bis 3 mal grösser wie dieser. Jene
kleinsten Gefässe, in welchen die rothen und farblosen Cylinder in
ungestörter Reihenfolge und übereinstimmenden Grössenverhältnissen
sich weiterbewegten, welche daher aus einer stets gleichen Theilung
der grösseren Gefässe hervorgingen, wurden von den Cylindern
der Länge nach zum grössten Theile oder vollständig ausgefüllt:
ja die Cylinder waren bedeutend länger als diese Gefässchen, da
man nach dem Durchlaufen des vorderen Cylinder-Endes durch die
ganze Länge des Gefässes eine kürzere oder längere Zeit warten
musste, bis man das hintere Ende des Cylinders in das Gefäss eintreten sah.

Aus der Zunahme der Geschwindigkeit des Blutstromes und
der entsprechenden Verlängerung der Blutcylinder scheint sich daher
zu ergeben, dass in den gegebenen Fällen wohl die Summe der
Querdurchmesser der kleineren Netzhautgefässe grösser gewesen sein
mag als die der grösseren, — wie es auch schon der blosse Anblick

lehrt; dass jedoch das Strombett der kleineren Gefässe einen kleineren Querschnitt besass als das der grösseren, und dass sohin, insoweit dieses Moment in Rechnung kommt, der Blutdruck in den kleineren Gefässen geringer war als in den grösseren.

Dieses eigenthümliche, den bisherigen Annahmen widerstreitende Verhalten des Strombettes ergab sich unleugbar unter eminent pathologischen Verhältnissen, welche keinen directen Schluss auf das Verhalten des Strombettes unter physiologischen Verhältnissen zulassen.

Berücksichtiget man jedoch, dass, soweit das beobachtende Auge bei einer 15 maligen Vergrösserung der Gefässe es zu beurtheilen vermag, die kleineren Gefässe gegenüber den Hauptstämmen in den gegebenen pathologischen Fällen erheblich grösser (ausgedehnter) erschienen als unter physiologischen Verhältnissen, so scheint die Wahrscheinlichkeit dafür zu sprechen, dass unter physiologischen Verhältnissen das Strombett der Netzhaut ein ähnliches Verhalten zeigen dürfte.

Eine weitere Frage wäre die, ob dieses eigenthümliche Verhalten des Strombettes nur in der Netzhaut des Menschen, und nicht auch in anderen Geweben und Organen gegeben sei.

3. Die andauernde Ernährung der Netzhaut während der Stase.

Nachdem die Stase sich entwickelt hatte, war, wie früher erwähnt, nicht vollständige Ruhe in den Blutsäulen eingetreten.

Die rothen Blutcylinder schoben sich, wie insbesondere in den grösseren Arterien deutlich zu beobachten war, ohne ihre Grössenverhältnisse zu ändern, unter sich in ungleichem Maasse u. z. in der physiologischen Stromrichtung, sehr langsam vorwärts.

Diese Bewegung schien im Ganzen der Abnahme der farblosen Cylinder an Länge in dieser Periode zu entsprechen, und wies daher auf eine fortwährende Verminderung des Blutplasmas in den Arterien hin.

Trotz des Aufhörens der eigentlichen Circulationsbewegung des Blutes war die Ernährungsbewegung im Netzhautgewebe, der Bezug von Nährstoffen aus dem Blute nicht vollständig unterbrochen, und genügte, wie der Erfolg zeigte, wenigstens für die gegebene Zeitperiode, um die Netzhaut der Wesenheit nach intact zu erhalten.

II. Venöse Hyperaemien.

A. Paralytische (relaxative) Hyperaemie.

In den wenigen bisher beobachteten Fällen, in welchen ich mich zur Annahme einer Lähmung vasamotorischer Nerven berechtigt hielt, habe ich nur eine venöse Hyperaemie des Centralgefäss-Systemes nachzuweisen vermocht. Die Arterien zeigten stets ein vollkommen normales Verhalten.

Die Hyperaemie war in diesen Fällen immer gleichmässig über das ganze venöse System verbreitet.

Die Venen zeigten in ihrem ganzen Verlaufe eine gleichmässige Vergrösserung ihres Querdurchmessers um $\frac{1}{3}$, $\frac{1}{2}$ oder höchstens $\frac{3}{4}$ ihres Normalmaasses.

Eine Zunahme ihres Längendurchmessers konnte ich nicht erkennen.

Die Farbe der venösen Blutsäulen erschien, der grösseren Dicke derselben entsprechend, dunkler.

Der Unterschied in der Färbung zwischen Arterien und Venen war daher erheblich grösser.

Der Reflex erwies sich, entsprechend der grösseren Dicke und dunkleren Färbung der Venen, breiter und etwas lichtschwächer.

Die Erleuchtungsintensität des Augengrundes, sowie die Farbe der Netzhaut und des Sehnervenscheitels zeigten keine wesentlichen Abweichungen von normalen Verhältnissen.

Die Störung in der Sehfunction war nie eine sehr bedeutende.

B. Atonische Hyperaemie.

Dieselbe beobachtete ich häufig, theils in Folge nicht entzündlicher Erkraukungen der Gefässwände, vor allem aber in Folge lang andauernder und intensiver, insbesondere syphilitischer Netzhautentzündungen.

Sie tritt in sehr unterschiedlich hohem Grade auf, ist oft so geringfügig, dass sie leicht übersehen wird; erweist sich aber auch anderseits als die mächtigste, die in den Venen zu beobachten ist.

Ich sah wiederholt die venösen Blutsäulen 3 bis nahe 4mal breiter als die arteriellen Blutsäulen, daher einen 2- bis nahezu 3mal grösseren Querdurchmesser annehmen.

Die Ausdehnung der Gefässe erfolgt überwiegend dem Querdurchmesser nach, u. z. häufig in ungleichmässiger Weise, indem sie mächtiger an dem einen oder anderen Gefässe seinem ganzen Verlaufe nach, oder auch nur an einzelnen Stellen der Gefässe hervortritt.

Gewöhnlich sind jene Gefässe oder jene Stellen der Gefässe am meisten ausgedehnt, welche auch während der Entzündungsperiode den grössten Querdurchmesser auswiesen.

Eine Ausdehnung der Venen ihrer Länge nach ist häufig nicht nachzuweisen, in anderen Fällen dagegen mehr oder weniger deutlich ausgesprochen, ja oft sehr beträchtlich.

Die stärkere Schlängelung der Gefässe erreicht daher nicht selten jene hohen Grade, wie während der Entzündungen.

Die Farbe der venösen Blutsäulen ist, entsprechend der Dickezunahme, erheblich dunkler, der Farbunterschied zwischen Arterien und Venen daher stets beträchtlich.

Der Reflex nimmt im Verhältnisse zum grösseren Querdurchmesser und zur dunkleren Färbung der Venen, an Breite zu und an Lichtintensität ab, ist jedoch in seinem Erscheinen, insbesondere in seiner Lichtstärke, abhängig von den zur Zeit vorhandenen Veränderungen und Trübungen in der Gefässwand und dem übrigen Netzhautgewebe.

Er tritt daher in einzelnen Fällen, besonders an einzelnen Stellen in entsprechend grösserer Breite und in erheblicher, beinahe normaler Lichtintensität hervor; ist jedoch an anderen Stellen und in anderen Fällen schwach, undeutlich, oder selbst gar nicht ausgeprägt.

Die Erleuchtungsintensität des Augengrundes und die Färbung der Netzhaut sowie des Sehnervenscheitels scheinen durch diese Hyperaemie nicht wesentlich verändert zu werden, sie treten daher in den einzelnen Fällen in normaler oder in auffallend abweichender Art auf, je nachdem die atonische Hyperaemie entweder für sich allein besteht, oder gleichzeitig noch andere Vorgänge und Veränderungen im Netzhautgewebe gegeben sind.

Ebenso scheint die Function der Netzhaut unter dieser Hyperaemie nicht erheblich zu leiden. Wiederholt beobachtete ich durch

Monate, ja selbst durch Jahre andauernde höchstgradige Atonie der Gefässwandungen bei nahezu normaler Sehschärfe.

Die häufig gleichzeitig vorhandene Herabsetzung des Sehvermögens dürfte daher der Wesenheit nach durch andere Momente bedingt sein.

C. Stauungs-Hyperaemie.

Dieselbe ist sehr häufig bei verschiedenen krankhaften Vorgängen und Zuständen einzelner Organe des menschlichen Körpers zu beobachten, insbesondere bei Gehirndruck, Pneumonie, Pleuritis, Emphysem der Lunge, ja nach jedem heftigeren Hustenanfalle, bei tiefen glaucomatösen Sehnervenexcavationen, u. s. w.

Sie tritt in sehr verschiedenem Maasse für kürzere oder längere Zeit auf, veranlasst aber nie jene hohen Grade von Gefässerweiterung wie die atonische Hyperaemie.

Wenn die Stauungs-Hyperaemie sich rasch und mächtig hervorbildet, so verbreitet sie sich in einzelnen Fällen selbst bis in das arterielle Gefäss-System — jedoch verhältnissmässig nur in geringem Grade.

In solchen Fällen beobachtete ich selbst das Auftreten einer Arterienpulsation.

Die Stauungs-Hyperaemie charakterisirt sich durch eine über das ganze venöse Centralgefäss-System verbreitete, gleichmässige Vergrösserung der Gefäss-Querdurchmesser. Die Blutsäulen werden $1/_2$ bis 1 mal, selten $1^1/_2$ mal dicker als ursprünglich.

Eine erhebliche Ausdehnung der Gefässe ihrer Länge nach, eine stärkere Schlängelung derselben tritt nicht hervor.

Die Farbe des venösen Blutes ist hiebei auffallend dunkler, nicht selten nahezu blauroth — der Unterschied in der Färbung zwischen Arterien und Venen ist daher ein sehr bedeutender.

Der Reflex an den Venen erscheint entsprechend breiter und etwas lichtschwächer.

Die Erleuchtungsintensität des Augengrundes, sowie die Färbung der Netzhaut und des Sehnervenscheitels erweist sich durchschnittlich ziemlich normal.

Eine erhebliche Functionsstörung von Seite der Netzhaut ist gewöhnlich nicht vorhanden.

Die Stauungshyperaemie tritt häufig mit Reizungs- und Entzündungserscheinungen in der Netzhaut, besonders bei Gehirnleiden auf, und gibt hierdurch die Veranlassung zur irrigen Beurtheilung der Erscheinungen bei der sogenannten Stauungs- oder Schwellungspapille.

Eine scharfe Trennung der Stauungs- von den Entzündungserscheinungen ist daher von höchster Wichtigkeit.

Bei entzündlichen Leiden, z. B. im Centralnervenorgane, welche ohne wesentlichen Gehirndruck verlaufen, entwickelt sich sehr häufig in der Netzhaut eine Entzündung, jedoch ohne Stauungshyperaemie. Tritt ein solches Leiden mit wesentlichem Gehirndrucke auf, so stellen sich nebst den Erscheinungen der Entzündung auch solche der Stauungshyperaemie ein.

Entwickelt sich dagegen ein Gehirnleiden ohne intensive oder verbreitete Entzündungserscheinungen, jedoch unter mächtigem Gehirndrucke, wie z. B. bei acutem Hydrops etc., so ist in der Netzhaut wohl die Stauungshyperaemie, aber keine Entzündung ausgeprägt.

Im Allgemeinen muss ich hier noch darauf hinweisen, dass die bei den Anaemien, besonders aber bei den Hyperaemien angegebenen Veränderungen in der Grösse der Gefässe, in der Farbe der Blutsäulen, im Reflexphaenomene, in der Erhellung des Augengrundes, sowie in der Färbung der Netzhaut und des Sehnervenscheitels vielfach nur als relative aufzufassen sind.

Alle diese Momente erweisen, wie früher erwähnt, schon im gesunden Auge erhebliche Verschiedenheiten, zeigen dieselben aber in einem um so höheren Grade, wenn gleichzeitig Veränderungen in der Constitution des Blutes, sowie andere pathologische Vorgänge in der Netzhaut vorhanden sind.

So ist z. B. die Farbe des Venenblutes bei einer atonischen oder Stauungshyperaemie oder bei einer Netzhautentzündung auffallend blasser und der Reflex bedeutend lichtstärker, wenn diese Vorgänge sich nicht bei einem bisher gesunden, sondern bei einem Individuum mit schon gegebener Oligocythaemie und Hydraemie des Blutes entwickeln.

Es werden sich derartige Verschiedenheiten selbst in einem und demselben Individuum zu verschiedenen Zeiten zeigen, je nachdem sich während solcher Vorgänge oder bis zu ihrem erneuerten

Auftreten die Beschaffenheit und Quantität des Blutes verändert hat
oder neue pathologische Prozesse hinzugetreten sind.

Es ist daher zur Präcisirung der gegebenen Veränderungen bezüglich der erwähnten Momente nöthig, das arterielle wie das venöse
System desselben Auges nach jeder Richtung hin genau zu erforschen, vor Allem aber die sich hiebei ergebenden Differenzen
zwischen Arterien und Venen zu würdigen — aber auch das zweite
Auge in dieser Beziehung genau zu untersuchen.

Sind diese Veränderungen dagegen gleichzeitig in beiden Augen
vorhanden, so müssen die Lebens- und Ernährungsverhältnisse des
Individuums überhaupt, sowie alle übrigen zur Zeit gegebenen oder
unmittelbar vorausbestandenen localen wie allgemeinen Krankheits-
erscheinungen um so eingehender berücksichtiget werden, damit
man einen Maasstab für die Schätzung der einzelnen Symptome
gewinne.

D. Netzhautreizung.

Die Reizung[1]) im Ernährungsgebiete des Centralgefäss-
Systemes markirt sich durch eine unterschiedlich intensive Röthung
der einzelnen Gewebselemente der Netzhaut und des Sehnervenscheitels, durch eine geringe Zunahme im Querdurchmesser und in der
Färbung der venösen Blutsäulen, sowie durch einen diesen Erscheinungen entsprechenden Grad von Beschränkung der Funktionsdauer
(quantitative Funktionsstörung)[2]) der Netzhaut.

Unter Reizung der Netzhaut verstehe ich daher einen Vorgang,

---

[1]) Siehe meinen ophthalmoskopischen Handatlas, Wien, 1869, Taf. XIII,
Fig. 61. und meine Beiträge zur Pathologie des Auges, 1. Auflage, Wien 1855
und 1856, Taf. X; 2. Auflage, Wien 1870, Taf. XXII.

[2]) Ich unterscheide zwischen quantitativer und qualitativer
Funktionsstörung. Bei ersterer ist das ursprünglich gegebene kleinste Netz-
hautbild nicht vergrössert; es besteht kein Undeutlich-, kein Schlechtsehen,
sondern es erscheint bei unveränderter Sehschärfe nur die Zeitdauer der Leistungsfähigkeit mehr oder weniger beschränkt.

Bei der qualitativen Functionsstörung tritt eine entsprechende Vergrösserung des ursprünglich gegebenen kleinsten Netzhautbildes, ein Undeut-
lich-, ein Schlechtsehen und endlich volle Erblindung ein. Die qualitative
Funktionsstörung ist gewöhnlich mit einem geringeren oder höheren Grade von
quantitativer Functionsstörung verbunden, besteht aber auch wiederholt durch
kürzere oder längere Zeit, ohne dass letztere nachzuweisen wäre.

welchen Andere theils als Hyperaemie, als Congestion bezeichnen, theils für das erste Stadium 'der Entzündung ansehen, theils aber als den Ausdruck von Asthenopie u. s. w. erkennen wollen.

Unter physiologischen Verhältnissen erscheint die Netzhaut und der Sehnervenscheitel im hohen Grade durchsichtig und nur wenig geröthet.

Ist die functionelle Thätigkeit der Netzhaut sehr geringe, so zeigt sich im Allgemeinen der Augengrund, entsprechend der Mächtigkeit der Chorioideal-Pigmentschichten, lichter oder dunkler gelbroth gefärbt und hell erleuchtet.

Die Röthung der Netzhaut ist auf diesem gelbröthlichen Grunde kaum zu erkennen; die Sehnervenscheibe (Papilla nervi optici) erscheint im ganzen Umfange deutlich abgegrenzt, sehr stark erleuchtet, der Wesenheit nach gelblichweiss gefärbt, und der Bindegewebsring tritt allseitig deutlich hervor.

In der Tiefe des Sehnervenkopfes, mehr central, ist die graubläuliche Fleckung der Lamina cribrosa mehr weniger bestimmt zu sehen; in peripherer Richtung, besonders nach aussen hin prägt sich eine zarte diffuse, grauliche oder graubläuliche Färbung aus, und nur im Sehnervenscheitel nimmt man peripher, besonders nach oben und unten zu, eine äusserst schwache, zart streifige Röthung wahr.

Ist dagegen die functionelle Thätigkeit der Retina eine ziemlich bedeutende, so ist in der grösseren Ausdehnung der Netzhaut eine zart röthliche Tingirung mit Sicherheit zu erkennen, vor Allem aber verbreitet sich von dem oberen, inneren und unteren peripheren Theile des Sehnervenscheitels aus, eine zart röthliche Streifung $^1/_2$ bis 1 Sehnervenquerdurchmesser weit in der Netzhaut.

Diese röthliche Streifung entspricht ihrer Lage und Ausbreitung nach vollkommen der radiären Opticnsausbreitung in der Netzhaut, und ist stets am stärksten nach oben und unten, am schwächsten nach innen (an der Nasenseite) ausgeprägt.

Durch diese Streifung nimmt die Erleuchtungsintensität der Sehnervenscheibe im grösseren inneren Umfange etwas ab; durch diese Streifung wird aber auch an der eben genannten Stelle die grauliche oder graubläuliche Sehnervenfärbung, sowie der Bindegewebsring sammt der Sehnervencontour leicht verdeckt, in geringem Grade undeutlich gemacht.

Hat sich nun im Ernährungsgebiete des Centralgefäss-Systemes

Reizung entwickelt, so erscheint der Augengrund im Allgemeinen bedeutend weniger erleuchtet und dunkler roth gefärbt.

Die rothe Färbung hat hiebei ihren Höhepunkt in dem oberen, inneren und unteren Theile der Peripherie des Sehnervenscheitels, d. i. vor der Sehnervengrenze und dem Bindegewebsringe, und sie vermindert sich von hier aus einerseits ziemlich rasch gegen das Centrum des Sehnerven, andererseits aber nur allmählich gegen die Peripherie des Augengrundes zu.

Der centrale und der äussere Theil des Sehnervenscheitels in geringerer oder grösserer Ausdehnung, sowie die sich anschliessende äussere Partie der Netzhaut mit der Macula lutea und ihrer nächsten Umgebung zeigen bei mässiger Reizung eine kaum erkennbare, und selbst bei höheren Graden der Reizung eine verhältnissmässig geringe röthliche Färbung.

Diese Reizungsröthe unterscheidet sich sehr wesentlich von der unterschiedlich gelbrothen, durch das Chorioidealpigment bedingten Färbung des Augengrundes; sie erscheint mehr weniger intensiv kirschroth, gleich der Imbibitionsröthe des Glaskörpers im Cadaverauge, und nähert sich daher der Färbung der venösen Blutsäulen.

Bei genauer Betrachtung erkennt man deutlich zweierlei röthliche Färbungen, welche diese Reizungsröthe constituiren: eine mehr diffuse Färbung, welche sich vor Allem in den tieferen Schichten der Netzhaut ausbreitet, und eine oberflächliche, zart streifige, welche der Opticusausbreitung entspricht.

Am deutlichsten ausgeprägt ist die Reizungsröthe stets nach oben und unten im Bereiche der grösseren auf- und abwärts verlaufenden Gefässe: ihre Intensität und Ausbreitung im Augengrunde entspricht dem Grade der Reizung. In dem Maasse ihrer Entwicklung deckt und verwischt diese Röthe die Contouren und die Farbe der unterliegenden Gewebe.

Bei mässigem Grade von Reizung erscheint der Augengrund im Allgemeinen etwas lebhafter geröthet, aber noch nahezu normal hell erleuchtet.

Die diffuse Röthung lässt sich nach oben und unten 2 bis 3, die streifige Röthung aber daselbst 1 bis 2 Sehnervendurchmesser weit in der Netzhaut verfolgen. In der Sehnervenscheibe reicht die röthliche Streifung vom oberen, inneren und unteren Rande aus $1/_4$ bis höchstens $1/_3$ Sehnervendurchmesser weit herein.

8*

Durch diese Röthung wird die Umfangscontour des Sehnerven und der Bindegewebsring im oberen und unteren Segmente in hohem Grade verdeckt, undeutlich gemacht, so dass beide nur noch andeutungsweise zu erkennen sind; am inneren Segmente sind dieselben zwar ebenfalls mehr weniger durch die Röthung verdeckt, aber doch noch immer mit Sicherheit zu erfassen.

Die centrale Partie des Sehnerven ist leicht gelblich gefärbt und normal hell erleuchtet, lässt jedoch die Fleckung der Lamina cribrosa nur in geringem Umfange und mehr weniger undeutlich wahrnehmen.

Im äusseren Quadranten der Sehnervenscheibe tritt die grauliche oder graubläuliche Färbung, der Bindegewebsring und die Sehnervencontour normal deutlich hervor.

Bei intensiveren Graden von Reizung erscheint im Allgemeinen der Augengrund weniger hell erleuchtet und erheblich röther gefärbt.

Die diffuse Röthung ist in dem grösseren Theile der Netzhaut, die streifige Röthung nach oben und unten 2 bis 3, nach innen 1 bis 1½ Sehnervendurchmesser weit zu erkennen.

In der Sehnervenscheibe ist die streifige Röthung vom oberen, unteren und inneren Rande aus ⅓ Sehnervendurchmesser weit, ja bis nahe zum Pilorus nervi optici zu verfolgen.

Die Sehnervencontour und der Bindegewebsring sind oben und unten vollkommen verdeckt, unkenntlich; nach innen treten sie nur andeutungsweise hervor.

Die centrale Partie des Sehnerven erweist sich in bedeutend geringerer Ausdehnung, ja nur zwischen den aus der Tiefe hervortretenden Gefässen, normal erleuchtet und zart gelbröthlich gefärbt.

Die Fleckung der Lamina cribrosa ist nicht mehr zu erkennen.

Das äussere Segment der Sehnervenscheibe zeigt jetzt ebenfalls eine schwach röthliche und stellenweise streifige Färbung; die grauliche oder graubläuliche Färbung, der Bindegewebsring und die Sehnervencontour sind daselbst noch immer deutlich, jedoch in bedeutend geringerer Ausdehnung zu erkennen.

In den höchsten Graden von Netzhautreizung erscheint der Augengrund im Allgemeinen auffallend schwach erleuchtet und beträchtlich dunkler roth gefärbt.

Die diffuse Röthung ist in der ganzen Ausdehnung der Netzhaut, die streifige nach oben und unten, dem Verlaufe der grösseren Gefässe nach 3 bis 4, nach innen $1\frac{1}{2}$ bis 2 Sehnervendurchmesser weit zu verfolgen, und verdeckt den Bindegewebsring und die Sehnervencontour auch nach innen vollständig.

Im äusseren Segmente der Sehnervenscheibe treten nun ebenfalls die röthlichen Streifen in grösserer Ausdehnung, ja allseitig u. zw. in unterschiedlicher Mächtigkeit hervor, und verbreiten sich von hier aus $\frac{1}{2}$ bis 1 Sehnervendurchmesser weit in die äussere Parthie der Netzhaut.

Das Centrum des Sehnerven erscheint gelbroth, oder nur etwas weniger röthlich gefärbt als die peripheren Theile desselben; die Erleuchtungsintensität daselbst ist auffallend verringert, ja nur wenig stärker, als in den zunächstgelegenen Partien des Augengrundes.

Die grauliche oder graubläuliche Färbung, der Bindegewebsring und die Sehnervencontour im äusseren Segmente der Sehnervenscheibe erscheinen undeutlich oder nur andeutungsweise, oder sind auch selbst gar nicht zu erkennen.

In diesen höchsten Graden von Reizung schliesst sich die Reizungsröthe an die Entzündungsröthe an. — Beide sind nicht mehr von einander zu unterscheiden.

Diese Reizungsröthe entwickelt sich nicht immer gleichmässig in den einzelnen Schichten der Netzhaut und deren Gewebselementen.

Wiederholt färben sich die tieferen Netzhautschichten zuerst und intensiver — hiedurch prägt sich die Opticusausbreitung auf dem röthlichen Grunde als lichtere, glasartige Streifung aus. Tritt sofort eine stärkere Färbung der Opticusausbreitung ein, so erscheint dieselbe im Bereiche der Netzhaut weniger deutlich ausgeprägt, und der Augengrund daselbst ist mehr gleichmässig gefärbt.

Bei noch intensiverer Färbung der Opticusausbreitung tritt letztere wieder deutlicher, u. zw. als eminent röthliche Streifung auf gleichmässig gefärbtem lichter rothem Grunde hervor.

Meist am spätesten färben sich die Gefässwandungen. Dieselben prägen sich daher, insolange sie gar nicht oder nur wenig gefärbt sind, als farblose, weissliche oder lichtröthliche bandartige Streifen in unterschiedlicher Deutlichkeit und Ausdehnung, besonders im Bereiche der Sehnervenscheibe aus. Färben sich sodann die Gefässwandungen intensiver, so entziehen sie sich wieder allmählig dem Blicke.

In der Periode der Rückbildung der Reizungsröthe scheinen die Gefässwandungen am schnellsten, und die Opticusausbreitung am spätesten ihre Färbung zu verlieren.

Durch die Art des Auftretens der Reizungsröthe, insbesondere durch ihre ungleichmässige und wechselnde Intensität in den einzelnen Gewebstheilen der Netzhaut, durch ihre Entwicklung in den Opticusfasern und Gefässwandungen; andererseits durch den Mangel dieser Röthe bei den stärksten Hyperaemien, bei der Stase — ergibt sich, dass sie nur zum Theile eine wirkliche Blutröthe, eine Gefässröthe sei, d. h. durch eine dunklere Färbung des Blutes oder durch stärkere Füllung der Gefässe hervorgerufen werde. Der Wesenheit nach ist sie vielmehr durch den Uebertritt von Blutfarbstoff in's Netzhautgewebe und dessen Anhäufung daselbst erzeugt.

Diese Reizungsröthe darf nicht mit einer ganz ähnlichen Netzhautröthung verwechselt werden, welche in einzelnen Fällen bei gesunden und vollkommen functionsfähigen Augen, die aber aus irgend einer Ursache der Function vollständig entzogen sind, angetroffen wird — welche Röthung aber ohne gleichzeitige Erweiterung und dunklere Färbung der Venen, sondern im Gegentheile meist unter Verminderung der Querdurchmesser des ganzen Centralgefäss-Systemes (functioneller Anaemie) besteht.

Der wesentliche Unterschied zwischen Beiden besteht darin, dass bei Reizung die Röthe und Gefässerscheinungen in der Netzhaut durch weitere functionelle Anstrengungen des Auges sich vermehren, dass dagegen in den bezüglichen Fällen durch das Anhalten des Auges zur Function die Netzhautröthe sich vermindert und auf das Normalmaass reducirt

In beiden Fällen scheint daher Ueberschuss an Blutfarbstoff im Gewebe die Ursache der Röthung zu sein und die Differenz darin zu bestehen, dass bei Reizung trotz gesteigerten Verbrauches mehr Blutfarbstoff aus dem Blute in's Gewebe übertritt, als daselbst verwendet wird; dass dagegen aber in den bezüglichen Fällen bei normalem oder selbst vermindertem Bezuge des Gewebes an Blutfarbstoff, von diesem weniger verbraucht als aufgenommen wird.

Am Centralgefäss-Systeme sind bei Netzhautreizung verhältnissmässig nur geringe Veränderungen wahrzunehmen.

Bei mässiger Reizung erscheinen die Venen gar nicht oder nur in sehr geringem Grade erweitert; bei intensiver Reizung tritt eine allseitig gleichmässige Vergrösserung ihrer Querdurchmesser um $\frac{1}{4}$ bis $\frac{1}{3}$ ein.

Eine Verlängerung, eine stärkere Schlängelung der Venen ist nicht nachzuweisen.

Die Arterien bleiben ihrem Quer- wie Längendurchmesser nach unverändert.

Die Farbe der arteriellen Blutsäulen erscheint bei schwacher Reizungsröthe oder bei überwiegender Röthung der tieferen Netzhautschichten normal; ist dagegen die vorderste Netzhautschichte intensiver gefärbt, so erscheinen hiedurch auch die arteriellen Blutsäulen, insbesondere an Stellen, wo sie tiefer in das Netzhautgewebe eingebettet sind, etwas dunkler gelbröthlich.

Die venösen Blutsäulen zeigen stets eine dem Grade der Reizung entsprechende, erheblich dunkler rothe Farbe.

Dieselbe hängt einerseits, bei der allgemein tieferen Lage der Venen, in nicht unbeträchtlichem Maasse von der Röthungsintensität des Netzhautgewebes ab, und tritt daher an den tiefstgelagerten Stellen der Gefässe am mächtigsten hervor. Anderseits steht sie im Verhältnisse zur Vergrösserung der Querdurchmesser der Blutsäulen und der Abnahme des Reflexes derselben.

Das Reflexphaenomen erweist sich an den Arterien durchschnittlich als normal; tritt aber auch bei intensiver Röthung des Netzhautgewebes, besonders an den oberflächlich gelagerten Gefässstellen, in Folge von Contrastwirkung mit scheinbar grösserer Lichtintensität hervor.

An den Venen nimmt dasselbe im Verhältnisse zur Netzhautröthung deutlich an Intensität ab. An den Stellen daher, wo die Venen sehr oberflächlich, in gleicher Ebene mit den Arterien gelagert sind, erscheint der Reflex entsprechend dem grösseren Gefässdurchmesser etwas breiter, seiner Intensität nach aber normal oder nur etwas geringer, oder selbst durch Contrastwirkung in geringem Maasse stärker. An den tiefer gelagerten Stellen ist dagegen der Reflex durchschnittlich erheblich schwächer, und an den tiefstgebetteten Venen oft kaum noch nachzuweisen.

Diese angegebenen Veränderungen in der Farbe und in dem Reflexe der Blutsäulen bei Reizung, werden selbstverständlich wesentlich modificirt hervortreten, wenn gleichzeitig Abweichungen in der Constitution des Blutes, oder überhaupt irgend eine Ernährungsstörung in der Netzhaut gegeben ist.

Ein weiteres, characteristisches Symptom der Netzhautreizung ist, wie früher angegeben, die Beschränkung der Functionsdauer des Auges.

Die Grösse des kleinsten wahrnehmbaren Netzhautbildes ist auch bei den intensivsten und andauerndsten Reizungen nicht in irgend einer erheblichen Weise verändert, und das Auge vermag ebenso kleine Objecte und diese ebenso deutlich und sicher wie früher zu erkennen; in dem Maasse jedoch als die Reizung zunimmt, ermüdet das Auge rascher.

Bei geringeren Graden von Reizung besteht diese leichtere Ermüdbarkeit der Augen bei vielen Individuen, sobald sie sich nur einer mässigen die Augen anstrengenden Beschäftigung hingeben, häufig durch längere Zeit, ohne dass die Betroffenen darauf aufmerksam werden; erst dann, wenn sie zufälliger Weise ihre Augen durch eine ungewohnt längere Zeitdauer ernstlich benützen wollen, tritt ihnen dieselbe in einem bemerkbaren Maasse hervor.

Bei höheren Graden von Reizung wird die rasche Ermüdung der Augen um so lästiger und störender, je mehr die Augen in einer sie anstrengenden Weise benützt werden.

In den höchsten Graden der Reizung ist eine anstrengende Function nur für eine sehr kurze Zeit, ja selbst nur für wenige Minuten möglich.

Werden in solchen Fällen von Netzhautreizung trotz des mehr und mehr hervortretenden Gefühles der Ermüdung die Augen zur Funktion angehalten, so erscheint das Object allmählig und in zunehmendem Grade undeutlich, wie verschwommen; der Blick wird unsicher, unstät, der betrachtete Gegenstand erscheint unruhig, als würde er hin- und herschwanken; es tritt das Bedürfniss ein, den Blick von dem Objecte abzulenken, die Augen zu schliessen — und endlich versagen dieselben vollkommen den Dienst.

Wird sodann den Augen, je nach dem Grade der Reizung, für kürzere oder längere Zeit Ruhe gestattet, so erholen sie sich zusehends von der Ermüdung, und die Function ist wieder für kürzere oder längere Zeit ermöglicht — bis neuerdings das Gefühl der Ermüdung und die übrigen erwähnten Erscheinungen hervortreten.

Versucht man nun trotz all diesem, die Function für die Dauer zu erzwingen, so entwickelt sich in den Augen das Gefühl erhöhter Wärme und des Blutandranges, die Augen werden empfindlich, ja schmerzhaft, es tritt vermehrte Thränensecretion, Lichtscheu hervor, und schliesslich stellt sich Eingenommenheit des Kopfes, Schmerz in Stirne und Schläfe, Schwindel, Uebelkeit, ja selbst Erbrechen ein.

Die veranlassenden Momente für die Netzhautreizung sind sehr verschieden, theils nähere, theils entferntere.

A) Die häufigste Gelegenheit zur Netzhautreizung ergibt sich aus der Function der Netzhaut selbst.

Jedes Organ hat ein bestimmtes Maass von Leistungsfähigkeit. Wird dieses Maass durch die Function (Action) überschritten, so tritt Ermüdung und endlich Erschöpfung ein.

Ist Ermüdung gegeben, so kann die Restitution unter n o r m a l e m S t o f f w e c h s e l bei Functionsruhe erfolgen; tritt keine entsprechende Ruhe ein und wird das Organ immer wieder zur Function angehalten, so kann die Restitution nur unter g e s t e i g e r t e m S t o f f w e c h s e l (Stoffumsatz) erfolgen — d i e R e i z u n g i s t d e r A u s d r u c k d e s s e l b e n.

Reicht bei fortgesetzter Function der gesteigerte Stoffwechsel nicht mehr hin, eine entsprechende Restitution herbeizuführen, so erfolgt Erschöpfung — die Function wird unmöglich.

Das Ueberschreiten der Leistungsfähigkeit der Netzhaut erfolgt entweder durch eine a b s o l u t oder r e l a t i v zu grosse Functionsdauer.

1. Ein allgemein giltiges Maass für ein normal grosses Leistungsvermögen, und daher für eine a b s o l u t zu grosse Functionsdauer ist schwer festzustellen, da an und für sich nicht jedes gesunde Auge einen gleichen Grad von Leistungsfähigkeit besitzt, und andererseits die Grösse der jeweiligen Leistung je nach den Verhältnissen eine sehr verschiedene ist.

So ermüdet unter übrigens günstigen Verhältnissen die Netzhaut, trotz gleicher Deutlichkeit des Bildes, leichter bei Verwerthung kleinerer als grösserer Bilder, so auch bei gewissen Farben und Zusammenstellungen derselben.

Anderseits erweist sich die Functionsdauer grösser bei einem entsprechenden Wechsel des Bildes an Grösse, Lichtstärke und Farbe, sowie bei einer wiederholten kürzeren Unterbrechung der Function, als wenn ein und dasselbe Bild andauernd verwerthet wird.

Das absolute Maass der Leistungsfähigkeit und daher der

gestatteten Funktionsdauer, muss somit für jedes einzelne Individuum und für jede specielle Leistungsart, durch die Erfahrung festgestellt werden.

2. Eine relativ zu grosse Functionsdauer ergibt sich bei der
Function unter ungünstigen Verhältnissen.

Ist die Lichtintensität zu gross, so wird das Auge geblendet.
Ist das Licht absolut zu schwach oder seiner Itensität nach zu rasch
wechselnd, ist die Färbung des Objectes zu wenig besimmt, die Zusammenstellung der Farben eine sich gegenseitig zu stark beein-
flussende, oder der Wechsel der Farbe eine zu rasche, ist die Folgen-
reihe der Bilder eine zu schnelle, insbesondere aber das Netzhaut-
bild undeutlich — so tritt trotz normaler Leistungsfähigkeit der
Netzhaut rasch Ermüdung ein.

Die Retina zeigt in Betreff der Lichtintensität und des Grades
von Deutlichkeit der Bilder eine ungeheure Breite von Empfänglich-
keit und Widerstandsfähigkeit; trotzdem gibt jedoch unter den
erwähnten ungünstigen Verhältnissen die Undeutlichkeit der verwertheten Bilder die häufigste Gelegenheitsursache für die Ermüdung
und die nachfolgende Reizung ab.

Die Undeutlichkeit der Netzhautbilder ist sehr häufig durch
die Bildungs- und Ernährungsverhältnisse der Retina selbst bedingt.

In manchen Netzhäuten kommt überhaupt, in Folge ihrer
ursprünglichen Bildung, stellenweise oder allseitig kein deutliches
(scharfes) Bild zu Stande. Dasselbe erscheint mehr oder weniger
unbestimmt, verschwommen, wie verwischt, abgeblasst, verzerrt.

Solche Netzhäute sind dabei häufig in geringerem oder grösserem
Grade grobfühlig.

Eine derartige Undeutlichkeit des Netzhautbildes und Grob-
fühligkeit ist in jenen Augen gegeben, in welchen, wie schon früher
erwähnt, mittelst des Spiegels Bildungsanomalien in der Netzhaut
zu erkennen sind.

Die Netzhautreizung erweist sich daher auch bei relativ geringer Function der Augen als eine beinahe stetige Begleiterin
solcher Bildungsanomalien.

Nicht selten sind undeutliche Bilder durch Gewebs- und Lage-
rungsveränderungen der Netzhaut bedingt, welche sich in Folge
ungünstiger Ernährungsverhältnisse und krankhafter Vorgänge in
der Netzhaut, in der Chorioidea und Sclerotica hervorbildeten.

Häufig ist wie bekannt, die Undeutlichkeit, die Verzerrung des Netzhautbildes durch das Verhalten der der Netzhaut vorgelagerten Gebilde des Auges veranlasst.

In dieser Beziehung sind besonders der astigmatische, sowie überhaupt der unregelmässige Bau des Auges, anomale, ungleichartige Dichtigkeitsverhältnisse der durchsichtigen Medien, Unregelmässigkeiten in den Begrenzungsflächen derselben und in den einzelnen Gewebsschichten, Trübungen und andere Veränderungen derselben hervorzuheben.

Wiederholt ist die alsolut zu geringe Bildgrösse der Einzelheiten des Objectes, besonders bei grobfühligen Augen, die Ursache der Undeutlichkeit des Netzhautbildes.

Am häufigsten wird letztere durch eine nicht praecise dioptrische Einstellung des Auges für das gegebene Object herbeigeführt.

Das Auge kann sich entweder überhaupt nicht für den gegebenen Objectabstand einstellen, oder vermag es nur für eine verhältnissmässig kürzere Zeit, so dass die Netzhaut wenn sie andauernd functionirt, entweder gar keine deutlichen, oder abwechselnd deutliche und undeutliche Bilder empfängt.

In dieser Beziehung kommen sonach vor allem in Rechnung: der dem gegebenen Objectabstande nicht entsprechende Bau des Auges, dessen Accommodationsvorhältnisse, die Leistung des äusseren Muskelapparates, und bei Benützung beider Augen die Sehlinieneinstellung, sowie die Differenz im Bau und in der Accommodation zwischen beiden Augen.

Diese Momente erscheinen als die entfernteren, die Netzhautreizung nur in mittelbarer Weise veranlassende Ursachen; nicht sie, sondern die Undeutlichkeit der Netzhautbilder rufen in directer Weise die Netzhautreizung hervor. Diess ist speciell rücksichtlich der Muscularanstrengungen hervorzuheben.

Wird das Auge nur insoweit und nur in solange zum Sehen benützt, als deutliche Netzhautbilder und, bei Verwerthung beider Augen, identische Netzhautbilder von nicht allzugrosser Differenz in Grösse und Deutlichkeit gegeben sind, so enwickelt sich unter übrigens entsprechenden Verhältnissen keine Netzhautreizung.

Unter solchen Umständen entwickeln sich wiederholt, mehr oder weniger rasch, intensive und andauernde Ermüdungserscheinungen und Reizung in anderen Gebilden des Auges. Hiedurch kann nun allerdings die Gefahr einer Uebertragung oder Verbreitung dieser Reizung auf die Netzhaut durch die Continuität und Contiguität der Gebilde eintreten, oder dieselbe kann wirklich erfolgen. Man findet sonach wohl eine Netzhautreizung, dieselbe ist aber nicht aus der Function der Retina hervorgegangen.

Es ruft daher auch die grösste Muskularanstrengung in directer Weise keine Netzhautreizung hervor. Diese entwickelt sich hiebei erst dann, wenn durch ungenügende Sehlinienconvergenz, durch Nachlass in der richtigen accommodativen Einstellung u. s. w. undeutliche Netzhautbilder entstehen, das Auge weiterhin zu functioniren gezwungen ist, und die Netzhaut durch die Verwerthung undeutlicher Netzhautbilder ermüdet.

Berücksichtiget man diese Verhältnisse, so tritt es klar hervor, dass man, wenn rasch Ermüdung und Reizung im Auge sich einstellt, nicht immer von Asthenopie, von Muskelschwäche sprechen kann.

Im Gegentheile ist es oft erstaunlich, wie Augen unter ungünstigen Verhältnissen so lange eine anstrengende Arbeit durchzuführen, eine absolute Ueberschreitung der als normal angenommenen Functionsdauer ertragen können, erstaunlich, welche Kraft und Ausdauer sie entwickeln, und somit welch' hohen Grad von Hypersthenopie sie ausweisen.

In Beurtheilung der veranlassenden Momente einer gegebenen Ermüdung des Auges oder des Eintrittes von Reizung, muss daher zuerst festgestellt werden, welches Maass der Functionsdauer unter den bestehenden Verhältnissen den einzelnen Theilen des Auges bei normaler Leistungsfähigkeit zukommt — und erst dann vermag man zu bestimmen, ob in dem gegebenen Falle Sthenopie, Asthenopie oder Hypersthenopie vorhanden sei.

Diese bisher erörterten, aus der Funktion der Netzhaut hervorgehenden Netzhautreizungen nenne ich functionelle Reizungen.

Die functionelle Netzhautreizung entwickelt sich je nach den gegebenen Verhältnissen langsamer oder schneller, in geringerem oder höherem Grade, gemeiniglich als totale. Sie dauert kürzere oder längere Zeit, durch Tage, Wochen, Monate und Jahre an, ja sie besteht bei einzelnen Individuen selbst durch den grösseren Theil des Lebens.

Alle Augen, welche auch unter übrigens günstigen Verhältnissen in sehr ernstlicher, anstrengender Weise verwendet werden,
sind gewöhnlich mehr oder weniger mit Netzhautreizung behaftet.
Wer andauernd liest, schreibt, zeichnet u. s. w., der besitzt Netzhautreizung.

Es lassen sich daher im Allgemeinen unter Würdigung der
übrigen Verhältnisse, die Individuen nicht nur nach ihrer Beschäftigungsweise unterscheiden, jenachdem diese mit einer geringeren
oder grösseren Anstrengung der Augen verbunden ist, sondern man
kann auch innerhalb gewisser Grenzen den mehr oder weniger
fleissigen Leser, Schreiber, Zeichner u. s. w. erkennen.

Insbesondere sind Jene mit chronischer Netzhautreizung behaftet, welche sich in anstrengender Weise mit kleinen Objecten
beschäftigen, wie Uhrmacher, Graveure, Xylographen etc., oder Jene,
welche bei ungünstiger Beleuchtung oder bis spät in die Nacht
hinein, wie häufig Näherinnen, Schneider etc., oder auch bei zu
grosser Lichtintensität, wie Silberpolirer, Löther etc. arbeiten.

Die Reizung für sich, auch die höchsten Grade derselben,
führen im Allgemeinen zu keiner weiteren Ernährungsstörung in der
Netzhaut. Die Reizung kann daher im eigentlichen Sinne des Wortes
nicht als Krankheit aufgefasst werden.

Die Netzhaut scheint bezugs der aus der Function hervorgehenden Schädlichkeiten eine ungeheure Ausgleichungsfähigkeit zu
besitzen, und sich, wenn die Schädlichkeiten nicht allzu plötzlich und
intensiv einwirken, durch hinlänglich frühzeitige Versagung der
Function gleichsam selbst zu schützen.

Durch eine intensive und andauernde Netzhautreizung kann
höchstens eine Art von Locus minorus resistentiae geschaffen werden.
welcher insbesondere bei dem Bestehen allgemeiner ungünstiger
Ernährungsverhältnisse, bei Dyskrasien, bei constitutionellen und
anderen Krankheiten die Veranlassung ist, dass mit oder ohne
Eintritt einer neuen Schädlichkeit, gerade im Ernährungsgebiete des
Centralgefäss-Systemes ein krankhafter Vorgang sich entwickelt.

B) Ein weiteres veranlassendes Moment für Reizung in der
Netzhaut ergibt sich in der Entwicklung und dem Verlaufe verschiedener krankhafter Vorgänge, die unter Reizungs- oder Ent-
zündungs - Erscheinungen in mehr oder weniger e n t f e r n t e n Ge-
w e b e n und O r g a n e n auftreten.

So findet man häufig bei intensiven entzündlichen Leiden der Conjunctiva, der Nasen- und Kehlkopfschleimhaut, der Trachea und der Bronchien, bei verbreiteten Entzündungen in den übrigen Gebilden des Auges oder seiner Umgebung, bei entzündlichen Leiden des Lungenparenchyms, der Pleura, insbesondere aber des Gehirnes und seiner Häute, Netzhautreizung im geringen oder höheren Grade ausgeprägt.

Bei solchen Leiden entwickelt sich die Netzhautreizung früher oder später, für kürzere oder längere Zeit, meistens während der Höheperiode der diese Leiden begleitenden Reizungs- oder Entzündungserscheinungen, u. z. sowohl als partielle wie als totale, ohne dass im Ernährungsgebiete des Centralgefäss-Systemes irgend eine weitere Ernährungs- oder Functionsstörung, ausser einer wiederholt deutlich hervortretenden leichteren Ermüdbarkeit, erfolgt.

Eine sehr häufige Gelegenheitsursache der Netzhautreizung besteht endlich in der Einwirkung verschiedener äusserer und innerer Schädlichkeiten, in der Entwicklung verschiedener krankhafter Vorgänge im Retinalgebiete, in der Verbreitung und Uebertragung solcher von anderen Geweben und Gebilden aus auf die Netzhaut.

Wie in den übrigen Theilen des Körpers, so entwickeln sich und verlaufen auch im Netzhautgebiete verschiedene krankhafte Vorgänge der progressiven wie der regressiven Metamorphose, theils unter theils ohne Reizungserscheinungen.

Letztere bestehen hiebei entweder während der ganzen Krankheitsdauer, oder sie treten nur in bestimmten Perioden der Krankheit, ja als characteristische Symptome derselben, oder überhaupt zu verschiedenen Zeiten in geringerem oder höherem Grade, für kürzere oder längere Zeit, in geringerer oder grösserer Ausdehnung hervor.

In diesen Fällen entwickelt sich und verläuft die Reizung ebenfalls, ohne dass eine ihr entsprechende qualitative functionelle Störung (Vergrösserung des kleinsten wahrnehmbaren Netzhautbildes) nachzuweisen wäre.

Die schon vor oder erst während des Hervortretens der Reizung sich einstellende qualitative Functionsstörung steht im Verhältnisse zu den durch die Noxe, durch den krankhaften Vorgang als solchen herbeigeführten Gewebsveränderungen, sie steigt und fällt mit letzteren, nicht aber mit den Reizungserscheinungen; im Gegentheile beobachtet man nicht selten, besonders bei Processen der regressiven Metamorphose, dass bei Entwickelung oder Vermehrung der

Reizung eine Verminderung der qualitativen functionellen Störung auftritt, welche häufig in irrthümlicher Weise als ein Symptom einer Besserung, eines Rückschreitens des krankhaften Vorganges angesehen wird.

So manche der angeblichen Besserungen derartiger Leiden in Folge verschiedener Behandlungsweisen, wie z. B. der Anwendung von subcutanen Strichnin-Injectionen, der Sublimat-, der Innunctionscur, der Electricität u. s. w. kömmt auf Rechnung der durch diese Mittel hervorgerufenen Reizung, und verschwindet wieder mit Rückbildung der letzteren.

Ebenso wenig ist auch in Folge der Entwickelung oder des Verschwindens der Reizung eine Veränderung in der Wesenheit (Art) des krankhaften Vorganges nachzuweisen.

Man beobachtet nur eine dem Grade der Reizung entsprechende mehr weniger schnellere Entwickelung, Verbreitung oder einen entsprechenden mehr weniger schnelleren Ablauf des krankhaften Vorganges sowie der durch denselben bedingten Gewebsveränderungen.

Die aus den hier erwähnten Momenten hervorgehenden Netzhautreizungen nenne ich im Gegensatze zu den functionellen, vegetative (nutritive und formative).

Bei der vegetativen Reizung sind daher nebst den Erscheinungen der Reizung (wie bei den entzündlichen Ernährungsstörungen nebst den Erscheinungen der Entzündung, s. Capitel Entzündung) gleichzeitig auch die Symptome der gegebenen Ernährungsstörung vorhanden.

Die Reizung tritt somit für sich allein (als idiopathica, im gesunden Körper), oder mit der Entwickelung und während des Verlaufes krankhafter Vorgänge der progressiven oder regressiven Metamorphose (als eine gemeinsame Auftretensweise, Erscheinungsform derselben) auf.

In all diesen Fällen sind ihre Erscheinungen stets dieselben; ihr Bild wird jedoch durch das gleichzeitige Bestehen eines anderen Vorganges mehr oder weniger verändert.

Am reinsten und deutlichsten erscheint sie daher bei den functionellen Reizungen, überhaupt in allen Fällen, in welchen keine Ernährungsstörung vorhanden ist.

Bei krankhaften Vorgängen der progressiven Metamorphose wird ihr Bild mehr oder weniger in erheblicher Weise verändert; doch gelingt es bei eingehender Erforschung und Verfolgung des Prozesses gemeiniglich, die Erscheinungen des pathologischen Vorganges von solchen der Reizung mehr oder weniger bestimmt zu trennen.

Am schwierigsten ist das Erfassen der Einzelerscheinungen der Reizung bei Processen der regressiven Metamorphose, da die Reizungserscheinungen bei denselben häufig nicht so mächtig auftreten, andererseits aber durch die regressive Metamorphose sehr wesentlich verändert werden.

Am constantesten tritt hier noch die Gewebsröthung hervor, obgleich sie bei geringer Intensität leicht übersehen wird.

Die grössere Blässe der Retina und des Sehnervenscheitels, die grauliche Entfärbung des Sehnerven und seiner Ausbreitung bei Vorgängen der regressiven Metamorphose, lassen eine zarte Reizungsröthe leicht für eine physiologische Färbung der Gewebe ansehen, oder ändern deren Charakter derart, dass ihr eine andere Bedeutung unterlegt wird.

Sehr unbestimmt oder gar nicht erfassbar sind häufig die Gefässerscheinungen.

Die Erweiterung der Venen und die dunklere Färbung des venösen Blutes, sowie die Veränderungen im Reflexe werden durch das Hervortreten der Atrophie im Gefäss-Systeme undeutlich gemacht, verwischt.

Bei geringen Graden der Atrophie erscheinen die Venen durch die Reizung oft gerade um so viel erweitert, und ihr Blut um so viel röther gefärbt, dass sie sammt dem Reflexe ein normales Ansehen gewinnen. Bei höheren Graden der Atrophie wird trotz der Reizung das Normalmaass der venösen Blutsäulen an Querdurchmesser und Färbung nicht erreicht, und der Reflex ist so zart und unbestimmt, dass das Bild der Atrophie überwiegt, und die de facto gegebenen Erscheinungen der Reizung übersehen werden.

In diesen Fällen ist es daher nothwendig, die Einzelerscheinungen im Verhältnisse zu dem gegebenen Grade der Atrophie genau zu würdigen, um durch ihr relatives Ueberwiegen auf das Bestehen von Reizung hinweisen zu können.

Kennt man den Zustand des Gefäss-Systems vor dem Eintritte der Reizung, so markirt sich dieser Eintritt durch die sofort sich ergebende Differenz mehr oder weniger deutlich.

Aber auch hier kann die Atrophie während der Entwickelung der Reizung gerade in dem Maasse, oder selbst in noch höherem Grade zunehmen, so dass schliesslich eine Zunahme an Querdurchmesser und Farbe nicht auffällig wird.

Deutlicher markirt sich die Reizung in ihrer Rückbildung durch die plötzliche Abnahme der Venen an Querdurchmesser und Farbe.

Der sicherste Anhaltspunkt unter solchen Verhältnissen ist stets die Differenz der Erscheinungen zwischen Arterien und Venen.

Die Atrophie schreitet ohne Reizung im arteriellen wie im venösen Gefäss-Systeme in gleichem Maasse vor; der physiologische Unterschied zwischen Arterien und Venen bleibt daher immer aufrecht erhalten.

Tritt Reizung auf, so wird dieser Unterschied auf Rechnung der Venen mehr oder weniger vergrössert.

Spricht sich daher in einem gegebenen Falle eine solche das Normalmaass überschreitende Differenz in den Einzelerscheinungen zwischen Arterien und Venen aus, so weist diese Differenz auf das Bestehen von Reizung hin.

Die Beschränkung der Functionsdauer kann selbstverständlich für die Diagnose der Reizung bei Processen der regressiven Metamorphose nicht verwerthet werden, da gemeiniglich durch diese Processe die qualitative Function der Netzhaut im hohen Grade gestört, ja gänzlich vernichtet ist.

———————

Verfolgt man die Netzhautreizung unter den verschiedensten Verhältnissen, beachtet man insbesondere: dass sie unter physiologischen Verhältnissen in dem Maasse hervortritt, als ein vermehrter Stoffverbrauch gegeben ist, wobei der hervortretende Verlust in normaler Weise vollständig ersetzt wird;

dass sie ferner unter pathologischen Verhältnissen nur ein mächtigeres oder erneuertes Aufleben, eine raschere Entwickelung und einen rascheren Verlauf des krankhaften Vorganges, sowie endlich eine raschere und massenhaftere Bildung der durch diesen Vorgang bedingten Gewebsveränderungen hervorruft;

dass sie hingegen anderseits keine qualitative Veränderung in den gegebenen physiologischen wie pathologischen Ernährungsverhältnissen des Organes und auch, abgesehen von der Beschränkung der Functionsdauer, keine weitere qualitative Functionsstörung setzt

so dürfte in der Reizung nur der Ausdruck eines
beschleunigten und vermehrten Stoffwechsels (Stoff-
umsatzes) zu erkennen sein, u. z. eines solchen Stoffwechsels, welcher mit dem unveränderten Fortbestande der gegebenen Ernährungs-Verhältnisse ver-
träglich ist, und daher an und für sich ohne Gefahr
für die Ernährung und die qualitative Function des
Organes abläuft.

E. Netzhautentzündung.

Die Entzündung im Ernährungsgebiete des Centralgefäss-
Systemes [1]) charakterisirt sich durch eine unterschiedlich intensive
Röthung, Trübung und Schwellung des Gewebes der Netzhaut und
des Sehnervenscheitels, durch eine verschieden starke und ungleichmässige Vergrösserung des Quer- und Längendurchmessers sowie
durch eine dunklere Färbung der venösen Blutsäulen, durch einen
häufig mehr geradlinigen Verlauf und eine Verschmälerung der
arteriellen Blutsäulen bei unveränderter Färbung derselben, endlich
durch eine Vergrösserung des ursprünglich gegebenen kleinsten Netzhautbildes, und durch Beschränkung der Funktionsdauer (quantitative
und qualitative Funktionsstörung).

Die Entzündungsröthe zeigt im Allgemeinen denselben Charakter und dieselbe Art der Entwicklung wie die Reizungsröthe, und
ist der Wesenheit nach ebenfalls eine Imbibitionsröthe.

Ihr Auftreten und ihre Verbreitung erfolgt entweder in gleicher
Weise wie bei der Reizungsröthe vom Centrum des Ernährungsge-
bietes in peripherer Richtung, oder sie erfolgt, u. zw. bei localer
Beschränkung der Entzündung, vor Allem im centralen oder peri-
pheren Theile des Centralgefässgebietes, aber auch in den einzelnen
Gefässbezirken dieses Gebietes.

Sie tritt in sehr verschieden hohem Grade auf.

Bei geringerer Intensität, vor Allem bei centralem Auftreten [2]),
ist sie nicht von der Reizungsröthe zu unterscheiden.

---

[1]) Siehe meinen ophthalmoskop. Handatlas, Fig. 62, 63, 64, 65, 67, 68,
69, 70, 71. — Beiträge z. Path. d. Auges, 1. Auflage, Taf. XI, XII, XIV,
XVI, XL, XLII, XLIII, XLIV. — 2. Auflage, Taf. XXIII, XXIV, XXV, XXVII,
XXVIII. XXIX, XXX, XXXI.

[2]) Siehe meinen ophthalmoskop. Handatlas, Fig. 62.

In anderen Fällen dagegen charakterisirt sie sich durch ihre Intensität, durch ihre ungleichartige Entwicklung im ganzen Gebiete oder durch ihre Beschränkung auf einzelne Bezirke deutlich als solche.

Bei höheren Graden der vom Centrum aus sich entwickelnden oder bei einer allseitig verbreiteten Entzündungsröthe verschwindet die Sehnervencontour und der Bindegewebsring im ganzen Umfange der Sehnervenscheibe mehr oder weniger vollständig. Nur im Centrum, vor Allem im Pylorus nervi optici [1]) ist noch eine grössere Lichtintensität, eine lichtere oder dunklere gelbe oder gelbröthliche Färbung des Sehnerven zu erkennen, welche allmählig in die Färbung und Erleuchtungsintensität des übrigen Augengrundes übergeht.

In den höchsten Graden von Röthung verschwindet auch diese lichtere Stelle inmitten des Sehnerven, und der ganze Augengrund ist mehr weniger gleichmässig gefärbt [2]).

In solchen Fällen kann man dann die Lage des Sehnerven im Augengrunde nicht mehr durch die Färbung oder durch eine grössere Lichtintensität, sondern allein aus der Entwicklungs- und Verbreitungsart der Centralgefässe und dem mehr oder weniger tiefen Einsenken der Netzhautoberfläche in den Pylorus nervi optici erkennen.

Bei solch intensiver und verbreiteter Entzündungsröthe tritt, insolange die Färbung noch eine reine ist, deutlich eine mehr kirschrothe Farbe des Augengrundes hervor.

Der Augengrund erscheint bedeutend weniger erhellt, das Augeninnere ist in unterschiedlichem Grade dunkel — man wähnt, nicht genug Licht mittelst des Spiegels durch die Pupille eingeleitet zu haben.

Der Unterschied in der Beleuchtung ist oft so beträchtlich, dass man trotz vollkommener Durchsichtigkeit der Cornea und der Medien, mit dem lichtschwachen Spiegel kaum und nur nach längeren Bemühungen Einzelheiten im Augengrunde wahrzunehmen vermag; ist man an die Beleuchtung eines lichtstarken Spiegels gewöhnt, so glaubt man zufälliger Weise einen lichtschwachen Spiegel zur Hand bekommen zu haben.

---

[1]) Siehe meinen ophthalmoskop. Handatlas, Fig. 63 und 68, und meine Beiträge zur Pathologie des Auges, 1. Auflage, Taf. XI, XLII, 2. Auflage, Taf. XXIII und XXVIII.

[2]) Siehe meinen ophthalmoskop. Handatlas, Fig. 64, und meine Beiträge zur Pathologie des Auges, 1. Auflage, Taf. XII. 2. Auflage, Taf. XXIV.

Die Entzündungsröthe verändert nun mit der Zeit allmählig oder auch rascher ihren Charakter.

Im Anfange, auch bei grösster Intensität, durchscheinend wie rothes Glas, wird sie mehr und mehr, u. zw. meistens an verschiedenen Stellen in ungleichem Maasse undurchsichtig, gleichsam wie durch eine Deckfarbe erzeugt; es tritt immer bestimmter eine nebel-, eine wolkenartige rothe Trübung im Netzhautgewebe und Sehnervenscheitel hervor, welche die tieferen Schichten und die in dieselben eingebetteten Gefässtheile mehr und mehr verschleiert, und endlich verdeckt [1]).

Auch diese rothe Trübung bleibt nicht immer unverändert, sondern sie wird häufig stellenweise oder auch mehr allseitig etwas blasser, stärker lichtreflektirend; die rothe Färbung geht in eine rothgraue, diese in eine graue, grauweissliche, ja selbst weissliche Färbung über [2]). Gleichzeitig wird auch die Trübung immer mehr lichtreflektirend, der Augengrund tritt an einzelnen Stellen oder in grösserer Ausdehnung mehr und mehr, und endlich nahezu ganz normal erhellt hervor. In einzelnen Fällen erscheinen die Netzhauttrübungen selbst so licht gefärbt und so stark lichtreflektirend, dass sie eine grosse Aehnlichkeit mit Chorioideal-Exsudatplaques zeigen — sie unterscheiden sich jedoch von diesen immer durch ein mattes, nebelartiges Ansehen und durch eine stellenweise wolkenartige Verdichtung und Abgrenzung.

Entwickeln sich derartige Trübungen vor Allem in den tieferen Schichten des Sehnerven- und Netzhautgewebes, so tritt die Opticusausbreitung als glasartige röthliche oder lichte Streifung unterschiedlich deutlich hervor, sie reflektirt mehr und mehr Licht, es entwickelt sich in der Oberfläche der Netzhaut und des Sehnervenscheitels ein glasartiger Glanz, und endlich eine wirkliche Spiegelung.

Diese entzündlichen Röthungen und Trübungen treten im betreffenden Ernährungsgebiete oder Bezirke durchschnittlich zuerst und am mächtigsten in der nächsten Umgebung der grösseren

---

[1]) Siehe meinen oph. Handatlas, Fig. 63, 64, 65, 68, und meine Beiträge zur Pathologie des Auges, 1. Auflage, Taf. XI. XII, XL, XLII; 2. Aufl., Taf. XXIII, XXIV, XXV, XXVIII.

[2]) Siehe meinen oph. Handatlas, Fig. 67, 69, 70. und meine Beiträge zur Pathologie des Auges, 1. Auflage, Taf. XIV, XVI, XLIII; 2. Auflage, Taf. XXVII, XXIX, XXX.

Venen [1]). vor Allem aber im Bereiche jener kleinen Zweigchen auf, welche unmittelbar in grössere Stämme einmünden, an Orten also, wo eine grössere Differenz in der Strommächtigkeit herrscht.

Sie verfolgen daher, gleichwie die gelegentlich und in ähnlicher Art sich entwickelnden zarten Extravasate [2]), den Verlauf der grösseren Venen, und markiren denselben an Stellen, wo die Venen durch sie verdeckt sind.

Sie treten sohin bei Retinitis, welche vom Centrum des Ernährungsgebietes aus sich entwickelt und ausbreitet, vor Allem längs des Verlaufes der auf- und abwärts führenden Hauptvenen hervor, nähern sich sofort im weiten Bogen der Stelle der Macula lutea, umschliessen dieselbe, und beziehen sie endlich mehr oder weniger vollständig ein.

Entwickelt sich die Retinitis von einer anderen Stelle aus, oder nur in einem einzelnen Bezirke, so verändert sich selbstverständlich in entsprechender Weise das Bild, wenn auch die Einzelerscheinungen in ihrem Hervortreten der gleichen Richtung folgen.

Die Gewebsschwellung der Netzhaut und des Sehnervenscheitels tritt in sehr unterschiedlichem Grade auf, u. zw. vor Allem an jenen Stellen, wo auch die übrigen Entzündungserscheinungen ihren Höhepunkt erreichen. Ihre Mächtigkeit dagegen entspricht nicht immer der Intensität der Entzündung; am häufigsten noch stimmt der Grad der Schwellung mit der stärkeren, propfzieherartigen oder auf- und absteigenden Schlängelung der Venen und mit dem gestreckteren Verlaufe der Arterien zusammen.

Ist die Gewebsschwellung nur in geringem Grade entwickelt, so ist sie schwer und nur für ein geübtes Auge nachzuweisen. Bei höheren Graden prägt sie sich in sehr deutlicher Weise aus: durch die Art der Krümmung der Netzhaut- und Sehnervenoberfläche, durch deren unterschiedlich mächtiges Hervortreten in den Glaskörperraum, durch die Vergrösserung des senkrechten (Dicke-) Durchmessers des Gewebes, endlich durch die Differenzen im Abstande der einzelnen Gefäss-Stellen gegenüber der Netzhautoberfläche oder gegenüber den anderen Gefässen und Gefäss-Stellen.

Die Gewebsschwellung entwickelt sich an jeder Stelle des

---

[1]) Siehe meinen oph. Handatlas, Fig. 67, u. meine Beiträge z. Pathol. des Auges, 1. Aufl., Taf. XIV; 2. Aufl. Taf. XXVII.

[2]) Siehe meinen oph. Handatlas, Fig. 64, 65, und meine Beiträge zur Pathologie des Auges. 1. Aufl., Taf. XII, XL; 2. Aufl. Taf. XXIV, XXV.

ganzen Ernährungsgebietes entweder in geringerem oder in höherem
Grade, mehr local beschränkt oder in grösserer Flächenausdehnung,
meistens jedoch an verschiedenen Stellen in ungleichem Maasse.

Durchschnittlich ist die Gewebsschwellung am geringsten in
den peripheren Theilen der Netzhaut, mächtiger in deren mittleren
Partien, am stärksten im centralen Theile des Ernährungsgebietes,
insbesondere vor dem Rande des Sehnervenquerschnittes, woselbst
sie als sogenannte Schwellungspapille (wie schon früher ausführlicher dargelegt) äusserst bedeutende Dimensionen annimmt.

Die Veränderungen am Venensysteme bei Netzhautentzündung
sind mehrfache, und dem Grade nach sehr verschieden.

Die constanteste derselben ist die Vergrösserung des Querdurchmessers der Venen um $^1/_3$, $^2/_3$, ja selbst um mehr als das
Doppelte.

Dieselbe erweist sich jedoch nicht als eine über das ganze
Centralgefäss-System gleichmässig verbreitete, sondern tritt durchschnittlich in dem einen oder dem anderen Gefässbezirke, in der
einen oder der anderen Gefässverzweigung oder Gefäss-Stelle, ja an
verschiedenen Stellen desselben Gefässes mächtiger hervor, u. zw.
in ungleichem Grade und verschiedener Ausdehnung [1]: sie ist häufig
bei kleineren Gefässen verhältnissmässig bedeutender als an den
grösseren, und prägt sich in den peripheren Theilen des Netzhaut-
gebietes ebenso deutlich wie in den centralen aus.

Diese Ungleichheit in der Erweiterung der Gefässe erscheint
bei mässiger Entzündung häufig so geringe, dass sie nur bei genauer
Untersuchung zu erkennen ist; bei intensiver Entzündung ist sie
für jedes Auge leicht erkennbar.

Die grösste Erweiterung der Gefässe ergibt sich stets an jenen
Gewebsstellen, wo auch die übrigen Entzündungserscheinungen, sowie
überhaupt die Gewebsveränderungen am mächtigsten ausgeprägt sind.

Bei der Schätzung des Querdurchmessers ist wohl auf die
Lagerungsverhältnisse der einzelnen Gefässe oder Gefässtheile Rücksicht zu nehmen, denn je grösser der Abstand der Verlaufsebene
des einen Gefässes oder Gefässtheiles von der Verlaufsebene des
anderen Gefässes oder Gefässtheiles ist, desto erheblicher ist auch

---

[1] Siehe meinen opht. Handatlas, Fig. 63, 64, 65, 68, u. m. Beitr. zur
Path. d. Auges, 1. Aufl., Taf. XI, XII, XL, XLII; 2. Aufl., Taf. XXIII, XXIV,
XXV, XXVIII.

die Differenz in den Bildgrössen dieser Gefässe oder Gefässtheile untereinander.

Durch diese Differenz in der Bildgrösse können nicht nur wirklich gegebene Verschiedenheiten in der Gefässdicke geringer oder grösser erscheinen, ja dem Ansehen nach vollkommen zum Verschwinden gebracht werden, sondern es können auch scheinbar Verschiedenheiten dort hervorgerufen werden, wo sie in Wirklichkeit nicht vorhanden sind.

Die Vergrösserung des Längendurchmessers der Venen ist bei mässiger Entzündung häufig so geringe, dass man dieselbe leicht übersieht; bei hochgradiger Entzündung tritt sie als das auffallendste Gefäss-Symptom hervor.

Diese Vergrösserung charakterisirt sich durch einen mehr ge-schlängelten, gewundenen Verlauf der grösseren sowie der kleineren Gefässe, welcher häufig in dem Grade zunimmt, dass die Gefässe ein spiralförmiges, pfropfzieherartiges, ja ein schlingenartiges An-sehen gewinnen [1]).

Diese Verlängerung der Gefässe tritt ebenfalls stets in un-gleichem Grade, entweder in dem einen oder in dem anderen Ge-fässbezirke, an dem einen oder dem anderen Gefässe oder Gefäss-theile, u. zw. in geringerer oder grösserer Ausdehnung, ja sogar unterschiedlich mächtig an verschiedenen Stellen eines und desselben Gefässes hervor.

Sie fällt meistens mit der grössten Erweiterung der Venen und daher auch gewöhnlich mit der grösseren Gewebsschwellung zu-sammen, und ist an den kleinen Gefässen und in den mittleren Partien der Netzhaut ebenso deutlich, ja noch auffallender ausge-prägt, als an den grösseren Gefässen und in den centralen Partien der Netzhaut. Sie tritt aber auch in unterschiedlich hohem Grade ohne erhebliche, oder überhaupt ohne entsprechend starke Erwei-terung der Gefässe und ohne Gewebsschwellung auf.

Bei dieser Verlängerung der Venen muss man zwischen einem geschlängelten und gewundenen Verlaufe, sowie zwischen dem Auf- und Absteigen der Gefässe wohl unterscheiden.

Bei dem geschlängelten Verlaufe weichen die Gefässe von ihrer normalen Richtung abwechselnd nach der einen oder anderen

---

[1]) Siehe m. opht. Handatlas, Fig. 62, 63, 65, 68, u. m. Beitr. z. Path. d. Auges, 1. Auflage, Taf. XI, XL, XLII, und 2. Auflage, Taf. XXIII, XXV, XXVIII.

Seite aus u. zw bloss senkrecht auf die Sehlinie des Beobachters — sie verlaufen nahezu in derselben Netzhautflächenrichtung, wie ursprünglich. Es findet dies vor Allem in jenen Fällen und an jenen Stellen statt, wo keine erhebliche Netzhautschwellung gegeben ist.

Bei dem g e w u n d e n e n Verlaufe umkreist das Gefäss spiralartig seine ursprüngliche Richtungslinie mehr oder weniger vollständig, ja selbst in mehrfachen Spiralgängen.

Man beobachtet diesen Gefässverlauf bei unterschiedlich mächtigen Gewebsschwellungen, jedoch nur dann, wenn die Gefässverlängerung eine verhältnissmässig stärkere ist.

Bei dem a u f - und a b s t e i g e n d e n Verlaufe weicht das Gefäss von seiner normalen Richtung abwechselnd nach vorne und rückwärts, d. i. nahezu parallel der Sehlinie des Beobachters aus.

Dieser letztere Gefässverlauf ergibt sich, wenn die Gewebsschwellung eben so mächtig oder wenn sie noch stärker ist, als die Gefässverlängerung.

Die Farbe der venösen Blutsäulen zeigt sich bei Netzhautentzündung erheblich dunkler; insbesondere aber tritt der Unterschied in der Färbung zwischen Venen und Arterien auffallend grösser hervor, und dies um so mehr, als die letzteren häufig lichter als gewöhnlich erscheinen.

Die dunklere Färbung des Venenblutes steht der Wesenhei nach im Verhältnisse zur Erweiterung der Gefässe, zur Verlangsamung des Blutstromes, zur Intensität der Färbung der vorgelagerten Gewebselemente, und zur Abschwächung des Reflexes.

Ob auch noch andere Momente zur Erhöhung der Blutfarbe beitragen, konnte ich bisher nicht nachweisen.

Der Reflex der venösen Blutsäulen verbreitert sich im Verhältnisse zur Erweiterung der Gefässe; nimmt dagegen mit zunehmender Färbung der vorgelagerten Gewebselemente eine schwach röthliche Farbe an, und verliert hierdurch wesentlich an Intensität, so dass er schliesslich mehr weniger vollständig verschwindet.

Im Allgemeinen erscheinen daher die Venen an ihren oberflächlichst gelagerten Stellen, besonders wenn die oberen Netzhautschichten weniger intensiv gefärbt sind, verhältnissmässig lichter mit nahezu normal starkem und breitem Reflex.

Letzterer tritt selbst wiederholt durch Contrastwirkung in Folge der dunkleren Färbung des Augengrundes erheblich stärker hervor.

Je tiefer jedoch die Venen sich in das Netzhautgewebe einsenken, desto dunkler und durch Verminderung des Reflexes matter erscheinen sie, und gewinnen das Ansehen bandartiger, gleichgefärbter Streifen.

Die an den Arterien bei der Entzündung hervortretenden Erscheinungen sind den an dem Venensysteme zu beobachtenden zum Theile entgegengesetzt.

Bei geringen Graden von Retinitis ist im Allgemeinen an den Arterien keine irgendwie erhebliche Veränderung wahrzunehmen.

Bei höheren Graden von Entzündung nehmen sie häufig einen mehr gestreckten Verlauf und einen geringeren Querdurchmesser an.

Diese Veränderungen stehen vor Allem im Verhältnisse zur Grösse der sich entwickelnden Gewebsschwellung, und sind daher gemeiniglich auch nur in dem Bereiche der Gewebsschwellung zu beobachten; sie erweisen sich jedoch nie als sehr beträchtlich.

Da die Gefässe durch die Gewebsschwellung eine Verlängerung erleiden müssen, und die Abnahme am Querdurchmesser vollkommen dieser Verlängerung entspricht, so glaube ich in dem gestreckteren Verlaufe und in dem kleineren Querdurchmesser der Arterien nur den Ausdruck einer (passiven) Gefässdehnung erkennen zu sollen.

Die Farbe der arteriellen Blutsäulen und des Reflexes derselben scheint nur durch äussere Momente in geringem Grade, nicht aber an und für sich verändert zu werden.

Bei sehr oberflächlicher Lage, insbesondere bei geringer Färbung der vordersten Gewebsschichten, zeigen daher die Arterien stets eine normale Färbung und einen normal breiten und starken Reflex.

Letzterer tritt hiebei wiederholt durch Contrastwirkung (in Folge der tiefrothen Farbe der Umgebung) selbst auffallend stärker hervor, wodurch auch der Anschein entsteht, als wäre das arterielle Blut lichter.

Ist dagegen die Entzündungsröthe auch in den obersten Gewebsschichten deutlich ausgeprägt, oder senken sich die Arterien tiefer in das Gewebe ein, so erscheinen die Blutsäulen entweder mehr allseitig oder blos an diesen Stellen etwas intensiver gelbroth gefärbt, und der Reflex nimmt eine schwach röthliche Farbe an, verliert aber dagegen an Intensität.

Nimmt die Entzündungsröthe erheblich an Intensität zu, so vermindert sich im gleichen Maasse der Unterschied in der Färbung zwischen den arteriellen Blutsäulen und deren Umgebung; die Arterien beben sich hiedurch immer weniger und weniger bestimmt rücksichtlich ihrer Farbe vom übrigen Augengrund ab, und entziehen sich endlich in Folge Farbenausgleiches für kürzere oder längere Strecken vollkommen dem Blicke. Der Verlauf der arteriellen Blutsäulen markirt sich an solchen Stellen fortan nur noch durch den Reflex, welcher, je nachdem überwiegend die tieferen oder auch die oberflächlichsten Gewebsschichten geröthet sind, in geringerer oder grösserer Intensität hervortritt.

In Bezug auf Farbe und Reflex der Blutsäulen bei Retinitis muss noch besonders hervorgehoben werden, dass die angegebenen Veränderungen vor Allem sich auf Fälle beziehen, bei welchen im Allgemeinen günstige Ernährungsverhältnisse obwalten.

Besteht jedoch schon zur Zeit der Entwickelung der Entzündung irgend eine Abweichung in der Constitution des Blutes, oder entwickelt sich, wie so häufig, eine solche während des Verlaufes der Entzündung, so erleiden hiedurch die Farben- und Reflexerscheinungen weitere erhebliche, ja selbst entgegengesetzte Veränderungen, als die angegebenen. Ist z. B. in einem Falle Oligocythaemie mit Hydraemie gegeben, so erscheinen vor Allem die Venen trotz der Entzündung sehr licht gefärbt, und es gewinnt der Reflex an ihnen bei ihrer grossen Breite eine solche Intensität, dass er selbst mächtiger erscheint, als man ihn je unter normalen Verhältnissen an den Arterien beobachtet.

Dieses bisher geschilderte Ansehen des Gefäss-Systemes bei Entzündung erleidet nun weiter mehr oder weniger erhebliche Veränderungen, je nachdem sich in der Netzhaut und dem Sehnervenscheitel Trübungen, Schwellung und weitere Gewebsveränderungen in verschiedenem Grade hervorbilden. [1]

Sind diese Gewebsveränderungen in mässigem Grade entwickelt, so werden durch sie die tiefer gelagerten Gefässe oder einzelnen

---

[1] Siehe m. ophthal. Handatlas Fig. 63, 64, 65, 67, 68, 69, 70 u. m. B. z. P. d. A., 1. Auflage, Taf. XI, XII. XL, XIV, XLII, XLIII, XVI; 2. Auflage, Taf. XXIII, XXIV, XXV, XXVII, XXVIII, XXIX, XXX.

Gefäss-Stellen, besonders aber die an und für sich tiefer gestellten und stärker geschlängelten Venen mehr oder weniger dicht in einen röthlichen, röthlichgrauen oder grauweisslichen Nebel gehüllt.

Die grösseren Venen sind dann nur an ihren oberflächlich gelagerten Stellen deutlich und scharf begrenzt, und mit einem Reflexe versehen. In dem Maasse, als sie tiefer in das Gewebe eindringen, verlieren sie den Reflex, erscheinen bandartig gleichgefärbt, büssen ihre scharfe Begrenzung ein, und werden allmählig undeutlicher, ja selbst scheinbar schmäler; treten sie sodann wieder mehr an die Oberfläche hervor, so gewinnen sie in demselben Verhältnisse an Breite, Deutlichkeit und Bestimmtheit der Begrenzung, es stellt sich allmählig ein Reflex ein, und schliesslich zeigen sie — je nach ihrer mehr oder weniger oberflächlichen Lage — ein ähnliches oder das gleiche Ansehen wie an ihrer früheren oberflächlich gelagerten Stelle.

An den grösseren Arterien beobachtet man häufig eine ähnliche Veränderung im Ansehen — bei ihrem weniger geschlängelten und weniger tief ins Gewebe eindringenden Verlaufe jedoch gemeiniglich in einem bedeutend geringeren Maasse.

Die kleineren venösen sowie arteriellen Gefässe entziehen sich unter solchen Verhältnissen bei ihrem tieferen Eindringen in das Gewebe schon nach kurzem Verlaufe vollständig dem Blicke, um sonach bei ihrem Hervordringen gegen die Gewebsoberfläche wieder sichtbar zu werden, und dann abermals zu verschwinden u. s. w., oder überhaupt nicht mehr in ihrem weiteren Verlaufe zur Wahrnehmung zu gelangen.

Die zartesten Gefässe sind entweder gar nicht oder nur bei oberflächlichstem Verlaufe an einzelnen weniger veränderten Gewebsstellen andeutungsweise zu erkennen.

Unter solchen Umständen hat die Netzhaut das Ansehen, als besässe sie nur ein schwach entwickeltes Gefäss-System, insbesondere nur grössere Gefässe, und als wären dieselben, vor Allem aber die Venen, varicös d. i. an einzelnen Stellen weiter, an anderen enger.

Ist die Gewebsröthung sowie die Trübung und Schwellung des Gewebes in noch höherem Grade entwickelt, so treten die grösseren Venen nur an oberflächlich gelagerten Stellen deutlich, mit oder ohne Reflex hervor; an den tiefstgelagerten Stellen sind sie gar nicht mehr zu verfolgen.

Die grösseren Arterien entziehen sich ebenfalls zum grösseren Theile dem Blicke, und nur die Hauptstämme, aber selbst diese streckenweise blos durch ihren Reflex, sind noch wahrzunehmen.

Die kleineren Gefässe sind gar nicht mehr sichtbar.

Unter solchen Verhältnissen zeigt die Netzhaut das Ansehen einer grossen Gefässarmuth, als besässe sie vorzugsweise nur Venen, und als wären die Arterien, besonders aber die Venen stellenweise unterbrochen, blutleer.

In den höchsten Graden entzündlicher Gewebsveränderungen erscheinen nur mehr die grössten Venen für kürzere oder längere Strecken als bandartige und dunkel gefärbte Streifen, werden aber auch leicht, besonders wenn massenhafte Blutextravasate vorhanden sind, für solche angenommen und daher vollkommen übersehen; die Arterien aber sind an keiner Stelle mehr zu erkennen.

In solchen Fällen hat die Netzhaut das Ansehen der grössten Gefässarmuth, als besässe sie nur einzelne Venen, oder selbst als wäre sie vollkommen gefässlos.

Während der Entwickelung dieser Gewebs- und Gefässveränderungen, überhaupt während des ganzen Verlaufes von Netzhautentzündungen, können stets, in jedem beliebigen Momente, durch einen Druck des Fingers auf den Bulbus die bekannten Pulsationserscheinungen an den Venen und Arterien mit geringerer oder grösserer Leichtigkeit, in ähnlicher Art wie im gesunden Auge hervorgerufen werden.

Die Arterienpulsation ist in solchen Fällen durchschnittlich leichter hervorzurufen, als unter physiologischen Verhältnissen, ja sie tritt häufig bei den intensivsten Entzündungen, bei den mächtigsten Gewebsschwellungen (bei den sogenannten Schwellungspapillen) verhältnissmässig rascher, mächtiger und in grösserer Ausdehnung hervor.

Sie entwickelt sich bald bei grösserem, bald bei geringerem Drucke, ja oft schon bei der zartesten Berührung des Bulbus mit dem Finger, um sodann bei höherem Drucke wieder zu verschwinden — weshalb sie auch in solchen Fällen leicht übersehen wird.

Die Pulsation tritt hiebei selten blos an einzelnen Gefässen, sondern gemeiniglich an sämmtlichen unterschiedlich deutlich hervor, und erstreckt sich vom Pylorus nervi optici aus, bis zur Sehnervencontour oder über dieselbe in die Netzhautfläche hinein, ja selbst über den grösseren Theil der Netzhaut.

Die Venenpulsation (das Stauungsphänomen) ist bei Retinitis durchschnittlich etwas schwieriger, in geringerer In- und Extensität, und auch seltener wie unter physiologischen Verhältnissen hervorzurufen.

Die Functionsstörung der Netzhaut bei Retinitis markirt sich vor Allem durch eine Vergrösserung des ursprünglich gegebenen kleinsten Netzhautbildes (qualitative Functionsstörung), und erweist sich hiedurch als eines der wichtigsten Symptome der Entzündung, welches insbesondere die Grenzlinie zwischen Reizung und Entzündung fesstellt.

Diese Vergrösserung des Netzhautbildes steigt gemeiniglich im Verhältnisse zur Intensität der Entzündung, vor Allem aber zu dem Grade der durch die gegebene Ernährungsstörung gesetzten Gewebsveränderungen, bis endlich die functionelle Thätigkeit auf eine mehr oder weniger intensive d. i. blos quantitative Lichtempfindung herabgesunken, ja selbst vollständig aufgehoben ist.

Die Beschränkung der Functionsdauer (quantitative Functionsstörung) ist eine sehr unterschiedliche und stets zunehmende, tritt jedoch nicht immer in gleich auffallender Art wie die Vergrösserung des Netzhautbildes, sowie auch nicht immer in einem mit dieser übereinstimmenden Grade auf.

Sie steht vor Allem im Verhältnisse zur Intensität der Entzündung.

Es kommen daher nicht selten Fälle vor, in welchen die Patienten trotz ziemlich intensiver Entzündung noch verhältnissmässig kleine Gegenstände wahrnehmen; anderseits aber mangelt es nicht au Fällen, wo der Kranke bei erheblich vergrössertem Netzhautbilde u. z. bei chronischem Verlaufe der Entzündung seine Beschäftigung mit grösseren Objecten noch mit auffallender Ausdauer fortzuführen im Stande ist.

Die Netzhautentzündung entwickelt sich und verläuft in mehr acuter oder chronischer Weise, und dauert somit kürzere, häufig längere Zeit, ja nicht selten durch Jahre.

Sie tritt in geringerer oder grösserer Intensität auf. Sie entwickelt sich in geringerer oder grösserer Ausdehnung, beschränkt sich somit entweder auf einzelne oder mehrere Retinalbezirke, oder verbreitet sich über das ganze Ernährungsgebiet des Centralgefäss-Systemes.

In dieser Beziehung dürfte der Retinitis totalis, wie schon früher erwähnt, vor Allem die mehr centrale oder periphere Entwickelung (Retinitis centralis und peripherica) gegenüber zu stellen sein.

Die Netzhautentzündung tritt ferner als idiopathische (unter übrigens günstigen Ernährungsverhältnissen) oder als gemeinschaftliche Auftretensweise (Erscheinungsform) der verschiedensten krankhaften Vorgänge der progressiven wie regressiven Metamorphose auf.

Am reinsten und deutlichsten erscheint das Bild der Entzündung bei Retinitis idiopathica.

Schwierig, ja oft unmöglich ist es, bei Processen der progressiven Metamorphose die Entzündungserscheinungen stets und allseitig von den Symptomen der gegebenen Ernährungsstörung zu trennen.

Am schwierigsten wird dies häufig bei Processen der regressiven Metamorphose.

Oder mit andern Worten: Während der Entwickelung und des Bestehens von Entzündung ist es häufig leichter, das Vorhandensein eines Processes der progressiven Metamorphose zu constatiren, als eines solchen der regressiven Metamorphose.

Rücksichtlich der Würdigung von Entzündungserscheinungen, speciell der Entzündungsröthe, der Gefässerscheinungen und der Functionsstörung bei Processen der regressiven Metamorphose gilt im Allgemeinen dasselbe, was schon bei der Reizung bezüglich der Erscheinungen der letzteren ausgesprochen wurde.

Besonders jedoch ist hier noch Folgendes hervorzuheben:

1. Dass auch bei Processen der regressiven Metamorphose die Verlängerung der Venen und die Gewebsschwellung im Allgemeinen als ein charakteristisches Symptom der Entzündung hervortreten.

Ist die Verlängerung der Venen auch häufig, besonders bei weit vorgeschrittener Atrophie, verhältnissmässig gering, so erscheint sie doch in anderen Fällen eben so mächtig, wie bei Processen der progressiven Metamorphose. Dasselbe gilt insbesondere auch von der Gewebsschwellung.

2. Dass die Entzündungsröthe im Bereiche des Sehnervenkopfes bei Processen der regressiven Metamorphose in der weitaus grösseren Zahl der Fälle eine mehr oder weniger wesentliche Farbveränderung erleidet.

Bei Processen der regressiven Metamorphose, besonders wenn sie sich auf die tieferen intraoculären Schichten des Sehnerven verbreiten, tritt meist eine unterschiedlich starke graue, graubläuliche, bläuliche oder grünliche Verfärbung der Opticusausbreitung und des Opticusstranges hervor, die sich im Bereiche der Opticusscheibe am deutlichsten ausspricht.

Diese verschiedenen Färbungen mischen sich mit der Entzündungsröthe. Hiedurch erscheinen die Gewebspartien, vor Allem im Bereiche des Sehnervenkopfes, nicht mehr in derselben Färbung wie bei Entzündungen der progressiven Metamorphose oder wie die Netzhaut im übrigen Augengrunde, sondern mehr grau-blaugrünlich-roth, oder überhaupt missfärbig, mehr dunkel, schmutzigröthlich.

Diese Verfärbung ist eines der wichtigsten Symptome für die Diagnose von Processen der regressiven Metamorphose bei Entzündungen.

Rücksichtlich der veranlassenden Momente der Netzhautentzündung möchte ich hier nur im Allgemeinen darauf hinweisen, dass verhältnissmässig selten durch äussere auf das Auge allein einwirkende Schädlichkeiten und durch die Funktion des Auges Retinitis hervorgerufen werden. sondern dass dieselben vielmehr in der weitaus grössten Zahl der Fälle sich in Folge allgemeiner Ernährungsstörungen, Erkrankungen wichtiger Organe des Körpers, besonders entzündlicher Vorgänge im Centralnervensysteme hervorbilden.

In dieser Beziehung sind die Netzhautentzündungen, sowie überhaupt die verschiedenen entzündlichen sowohl wie nicht entzündlichen Netzhautleiden häufig äusserst wichtige Localerscheinungen für die Diagnose dieser verschiedenen krankhaften Vorgänge, ja selbst oft zur Zeit der allein mit Sicherheit zu erfassende Ausdruck derselben — was bisher leider im Allgemeinen noch nicht hinlänglich berücksichtiget worden ist.

Ein näheres Eingehen auf die einzelnen veranlassenden Momente auf die Entwicklung und den Verlauf, auf den sogenannten Charakter, sowie auf die verschiedenen Arten der Netzhautentzündungen, d. i. das Auftreten von Entzündung während des Bestehens oder gleichzeitig mit der Entwickelung der verschiedenen Arten von Ernährungsstörungen, behalte ich mir für eine spätere Veröffentlichung vor.

Im Nachfolgenden erlaube ich mir, noch einige Bemerkungen über das Wesen der Entzündung im Allgemeinen beizufügen.

Meiner Ansicht nach kann das Wesen der Entzündung in directer Weise nur durch die Beobachtung am Lebenden, nicht aber durch die Untersuchung nach dem Tode richtig erkannt und nachgewiesen werden.

Ueberblickt man die verschiedenen entzündlichen Krankheiten, welche in den verschiedenen Geweben und Organen des menschlichen Körpers auftreten, so prägt sich in denselben — wie different die Art der gegebenen Ernährungsstörung in den einzelnen Fällen auch sein mag — etwas Gemeinschaftliches, Einheitliches aus; man beobachtet in denselben zwar nicht immer ein und dieselbe Gruppe, aber doch im Ganzen genommen eine bestimmte Summe von Erscheinungen, welche den nicht-entzündlichen krankhaften Vorgängen abgeht.

Löst man diese Erscheinungen aus der Gesammtsumme der Symptome des jeweiligen entzündlichen Vorganges heraus, so erübriget eine mehr oder weniger deutlich ausgeprägte Gruppe von Erscheinungen, welche identisch ist mit den Symptomen nicht-entzündlicher Ernährungsstörungen derselben Art.

Man trennt in dieser Weise die Entzündungserscheinungen von den Symptomen der verschiedenen Ernährungsstörungen.

Stellt man z. B. ein entzündliches glaucomatöses Leiden einem nicht-entzündlichen, ein entzündliches Brighti'sches Netzhautleiden einem nicht-entzündlichen, u. s. w. gegenüber, so lassen sich bei eingehender Untersuchung die Entzündungserscheinungen von den Symptomen des glaucomatösen und Brightischen Leidens in den meisten Fällen in sehr bestimmter Weise scheiden.

Bei anderen krankhaften Vorgängen ist eine Trennung der Erscheinungen schwieriger, unvollkommener, ja zur Zeit selbst noch unmöglich.

Verfolgt man die verschiedenen krankhaften Prozesse, so findet man, dass die Schwierigkeit der Trennung der Entzündungserscheinungen von den Symptomen der einzelnen gegebenen Ernährungsstörungen weniger in einem unsicheren Erfassen der Entzündungserscheinungen begründet ist.

Letztere sind im Verlaufe der Zeiten, im Einzelnen sowohl wie in ihrer Gesammtheit, schon so eingehend dargelegt und gewürdiget worden, dass sie bei einigermaassen deutlicher Entwicklung heutzutage in den meisten Geweben und Organen mit mehr weniger Sicherheit als solche erkannt und nachgewiesen werden.

Die Hauptschwierigkeit liegt in der bisher noch nicht genügend vorgeschrittenen Ermittlung und Scheidung der den einzelnen Ernährungsstörungen eigenthümlichen Symptome.

Die Ermittlung und Scheidung dieser Symptome am Lebenden ist jedenfalls die schwierigere Aufgabe, welche nur allmählig, nur Schritt für Schritt, insbesondere aber nur im Verhältnisse zur gründlicheren Erkenntniss und Trennung der einzelnen Ernährungsstörungen selbst, ihrer Lösung näher geführt werden kann.

Dass man trotz aller Schwierigkeiten bisher noch nicht grössere Fortschritte in der Lösung dieser Aufgabe gemacht hat, dürfte vor Allem darin liegen, dass sich bei der Untersuchung des einzelnen Krankheitsfalles so Viele mit dem blossen Nachweise eines mehr oder weniger entzündlichen Vorganges in diesem oder jenem Gewebe oder Organe begnügen, dass man nicht allseitig genug eine möglichst strenge Trennung der Entzündungserscheinungen von den Symptomen der jeweilig gegebenen Art der Ernährungsstörung durchzuführen bestrebt ist.

Eine Trennung dieser Erscheinungen, so schwierig und unbefriedigend sie sich auch zur Zeit erweisen mag, ist und bleibt daher stets die erste Aufgabe.

Erst wenn diese Trennung erfolgt ist, kann man an die genaue Erforschung und Verfolgung der einzelnen Symptome, sowie an deren Vereinigung zu einzelnen Gruppen schreiten, um endlich aus einer Zusammenstellung der zusammengehörigen Gruppen zu Gesammtbildern, auf das Wesen der Entzündung sowie der einzelnen Ernährungsstörungen schliessen zu dürfen.

Ueberblickt man nun in diesem Sinne die Summe aller jener Erscheinungen, welche bisher allgemein als Entzündungssymptome anerkannt werden, so ergibt es sich, dass dieselben nicht stets und unverändert in allen entzündlichen Krankheiten wahrzunehmen sind.

Die einzelnen Entzündungserscheinungen treten in den verschiedenen Krankheitsfällen nicht nur ihrer Intensität nach in einem verschiedenen, u. z. unter einander entweder in einem gleichen oder in höchst ungleichem Grade hervor, sondern sie verbinden sich je nach der Verschiedenheit des veranlassenden Momentes, des Gewebes und Organes, der Ernährungsverhältnisse, der Constitution und des Alters des Individuums, in Rücksicht ihrer Zahl und Art zu sehr unterschiedlichen Gruppen.

Das Bild der Entzündung ist nicht immer ein und dasselbe, es ist kein unveränderliches; es erweist sich vielmehr häufig als ein sehr verschiedenes und der Zeit nach veränderliches, ja es zeigt in den einzelnen Fällen stets einen mehr oder weniger individuellen Ausdruck.

Das Bild der Entzündung wird daher aus sehr verschiedenen und veränderlichen Symptomen gebildet. Je grösser die Zahl der in den einzelnen Fällen erfassbaren Symptome ist, je mächtiger und übereinstimmender dieselben entwickelt sind, desto bestimmter tritt das Bild der Entzündung hervor; je geringer dagegen sich die Zahl, der Grad der Entwicklung und Uebereinstimmung der einzelnen Symptome erweist, desto undeutlicher ist auch das Bild der Entzündung, desto schwieriger und unsicherer wird die Diagnose.

Verfolgt man die einzelnen Symptome unter verschiedenen Verhältnissen, so ergibt sich selbst, dass kein einziges derselben an und für sich als specifisch für die Entzündung gelten kann

Es gibt kein einzelnes pathognomonisches Symptom der Entzündung, und man vermag nur in der Vereinigung mehrerer Erscheinungen den Ausdruck der Entzündung zu erkennen.

a) Die Functionsstörung ist eines der wichtigsten Entzündungssymptome.

Kein entzündetes Gewebe oder Organ kann normal functioniren.

Die Schwierigkeit, Unsicherheit, ja Unmöglichkeit der Verwerthung dieses Symptomes für die Diagnose der Entzündung ist in einer sehr grossen Zahl von Fällen veranlasst: durch die ungenügende Kenntniss der Function so mancher Gewebe und Organe, durch die Unersichtlichkeit so mancher gegebener Functionsstörung, vor Allem aber durch das Auftreten von Functionsstörungen als Folge der verschiedenen Ernährungsstörungen.

Die Functionsstörung kommt daher bei entzündlichen wie nichtentzündlichen Krankheiten vor, und wird bei ersteren sowohl durch die Entzündung, als auch durch die gegebene Ernährungsstörung veranlasst.

In dem speciellen Falle einer entzündlichen Krankheit kommt es daher darauf an, zu bestimmen, welcher Antheil der gegebenen

Functionsstörung auf Rechnung der Entzündung, und welcher Antheil auf Rechnung der gegebenen Ernährungsstörung zu stellen sei.

Diese Trennung der entzündlichen von jener Functionsstörung,
welche durch die Ernährungsstörung bedingt wird, ist in vielen Fällen
mit grösserer oder geringerer Sicherheit durchzuführen.

In anderen Fällen, in welchen die Scheidung der Entzündung
von der Ernährungsstörung schwer oder zur Zeit unmöglich ist,
erscheint auch jene Trennung der Functionsstörung unsicher oder
unmöglich.

In jenen Fällen endlich, in welchen durch die gegebene Ernährungsstörung an und für sich schon eine sehr beträchtliche
Functionsstörung herbeigeführt ist, oder die Function vollkommen
vernichtet wurde, entschwindet dieses Symptom für die Diagnose der
Entzündung vollständig.

Eine bestimmte Art oder einen bestimmten Grad von functioneller
Störung, welcher der Entzündung eigenthümlich wäre, gibt es nicht.
Die Functionsstörung als Symptom der Entzündung, tritt in derselben Art und Weise auf, wie sie sich bei den verschiedenen Ernährungsstörungen entwickelt. —

b) Der S c h m e r z ist in Verbindung mit anderen Erscheinungen
ein sehr wesentliches Entzündungssymptom. Er fehlt aber häufig bei
Entzündungen verschiedener Gewebe und Organe, und kommt anderseits vielfach bei nicht entzündlichen Vorgängen vor.

Einen eigenthümlichen Entzündungsschmerz gibt es ebenfalls
nicht. —

c) Die H i t z e, die Steigerung der Temperatur im Entzündungsbereiche, dürfte eine der constantesten Entzündungserscheinungen
sein. Sie tritt jedoch sehr häufig subjectiv nicht erkennbar hervor,
und ist objectiv auch nicht immer nachweisbar; andererseits ist
nicht jedes Gefühl erhöhter Wärme, jedes Gefühl von Hitze, von
nachweisbarer Temperaturerhöhung ein Entzündungssymptom.

Dass bei Entzündung eine Erhöhung der Temperatur, insbesondere eine stärkere Wärmeausstrahlung stattfindet, kann man
an oberflächlichen Geweben und Organen leicht nachweisen; eine
andere Frage aber ist es, wo die Wärmequelle zu suchen sei? —
In dem zuströmenden Blute oder in dem Gewebe selbst?

Inwieweit die Beobachtungen an der Netzhaut zu einem allgemeinen Schlusse berechtigen, muss ich — wie später ausführlich
erwähnt werden wird — einen massenhaften Eintritt arteriellen

10*

Blutes in das Entzündungsgebiet bestreiten, da die Arterien nicht an
Querdurchmesser zunehmen; ebensowenig dürfte ein beschleunigteres
Einströmen arteriellen Blutes stattfinden, da die Widerstände in den
Gefässbahnen des betreffenden Gebietes während der Entzündung
eher zu- als abnehmen.

Enthält daher auch das Entzündungsgebiet in Folge der Erweiterung der Venen unter Verlangsamung der Bewegung mehr Blut
als unter physiologischen Verhältnissen, so ist doch kein Moment
für eine erheblich grössere Wärmeabgabe von Seite des Blutes gegeben wie unter letzteren Verhältnissen.

Die Wärmequelle dürfte daher der Wesenheit nach nur im
Gewebe, n. z. in dem beschleunigteren und massenhafteren Stoffumsatze gegeben sein.

Hiefür spricht auch der hohe Grad von Wärme, den einzelne
Gewebe und Organe zu entwickeln vermögen,

Macht man z. B. nach einer Staarextraction, ehe noch Entzündung eingetreten ist, kalte Umschläge mit auf Eis gelegenen
und das Auge sammt seiner nächsten Umgebung bedeckenden Lein-
wandlappen, so kann man rasch und dauernd die Temperatur der
Stirne, der Wange, der Lider und des Augapfels herabsetzen.

Diese Theile erscheinen für den betastenden Finger nahezu
gleich kühl, und bei raschem Wechsel der Umschläge beinahe eis-
kalt, der Kranke fühlt die Kälte im Auge wie in dessen Umgebung;
der jedesmal entfernte Umschlag zeigt an allen Stellen einen gleichen
Grad von niederer oder höherer Temperatur, je nachdem derselbe
kürzere oder längere Zeit auf dem Auge und dessen Umgebung
gelegen war; die wiederholt schon zu dieser Zeit sich einstellende
vermehrte wässerige Secretion (Thränen gemengt mit Kammerwasser)
erscheint bei ihrem Hervortreten aus der Lidspalte und beim
Herabrinnen über die Wange, für den Kranken wie für den
befühlenden Finger kühl.

Ist späterhin im Augapfel intensive Entzündung eingetreten,
so fühlt der Kranke die Kälte des Umschlages auf der Stirne und
Wange, das Auge aber erscheint ihm heiss, selbst wie eine glühende
Kohle; der betastende Finger findet Stirne und Wange kalt, die
Lider jedoch, besonders aber den Augapfel heiss; der Umschlag
erweist sich an den Stellen, welche Stirne und Wange bedeckten,
entsprechend kalt, an jener Stelle aber, welche die Lider berührte,
warm oder selbst von auffallend erhöhter Temperatur, heiss.

Diese Temperaturdifferenz lässt sich am besten erkennen, wenn man den vom Auge entfernten Umschlag allsogleich auf den Rücken der eigenen Hand oder auf die eigene Stirne auflegt — man hat dann das Gefühl, als ob jene Stelle des Umschlages, welche das Auge berührte, Wärme ausstrahlen würde

Die wässerige Secretion endlich, welche, aus der Lidspalte hervortretend, über die Wange fliesst, ist für den Kranken sowie für den zufühlenden Finger warm, selbst heiss.

Diese Erscheinungen erhöhter Wärmeentwicklung lassen sich bei sehr heftiger Entzündung durch das Wechseln der Eisumschläge in jeder Minute, selbst jeder halben Minute oder noch öfter, nur zum Theile oder selbst in keinem bemerkenswerthen Grade herabmindern.

Eine solche beträchtliche Wärmeabgabe, lässt sich durch die verhältnissmässig geringe Quantität Blutes, welches in den Augapfel und seine unmittelbare Umgebung eintritt — selbst wenn man sämmtliche Blutbahnen daselbst sich erweitert denkt — nicht ererklären. —

d) Die Röthe ist, in Verbindung mit anderen Erscheinungen, eines der wichtigsten Entzündungssymptome; erweist sich aber weder als ein pathognomonisches noch als constantes Symptom der Entzündung, und entzieht sich in den meisten inneren Gebilden des menschlichen Körpers dem Blicke.

Sie tritt in derselben Art und selbst in dem gleichen Grade bei Reizung und verschiedenen anderen nicht-entzündlichen Vorgängen auf, und mangelt zum grössten Theile bei Entzündung gefässloser Gewebe.

Die Entzündungsröthe ist zum Theile eine Imbibitionsröthe, zum Theile eine Gefässröthe, häufig aber auch eine Extravasationsröthe.

Die Imbibitionsröthe ist in der Netzhaut, im Sehnervenkopfe und im Glaskörper, aber auch in einzelnen Fällen in der Cornea leicht nachzuweisen.

In welchem Grade sie in den übrigen Geweben und Organen des menschlichen Körpers an der Entzündungsröthe theilnimmt, ist bisher noch nicht genügend aufgeklärt.

Die Extravasationsröthe tritt bei Entzündungen verhältnissmässig seltener auf, und scheint weniger im Verhältnisse zu stehen mit der Intensität der Entzündung, als vielmehr zu bestimmten

die Entzündung veranlassenden Momenten und zu verschiedenen
Arten von Ernährungsstörungen.

Sie entwickelt sich von den zartesten, kaum zu erfassenden
Andeutungen an bis zu solcher Mächtigkeit, dass sie das auffallendste
Entzündungssymptom abgibt, und dass das Gewebe von rothen
Blutkörperchen in kleineren oder grösseren Anhäufungen allseitig
durchsetzt erscheint[1])

Die Gefässröthe entwickelt sich durch Erweiterung der auch
unter physiologischen Verhältnissen rothes Blut führenden Gefässe,
sowie durch Füllung der Vasa serosa mit rothem Blute.

Ich habe wiederholt in Folge verschiedener Einflüsse, insbesondere operativer Eingriffe, die Füllung der Vasa serosa mit rothem
Blute in verschiedenen Geweben, vor Allem in der Cornea beobachtet.

Die letztere erschien vor Anwendung eines Reizmittels oder
vor dem operativen Eingriffe, auch bei stärkster Loupenvergrösserung
vollkommen gefässlos; nach dem Eingriffe zeigten sich im Verlaufe
von 5 bis 10 Minuten einzelne oder eine grössere Zahl verschieden
starker rothes Blut führender Gefässe, welche als Fortsetzungen der
Conjunctivalgefässe die Cornea in ihren oberflächlichen Schichten,
u. z. in geringerer oder grösserer, ja selbst in ihrer ganzen Ausdehnung durchzogen.

Dieses rasche Hervortreten von Blutgefässen schloss in den betreffenden Fällen die Neubildung aus, und bewies das Vorhandensein
der Vasa serosa.

Ich habe jedoch, abgesehen von einigen angeborenen Bildungsanomalien, bisher nur in solchen Geweben Vasa serosa zu beobachten die Gelegenheit gehabt, in welchen schon früher Entzündungen mit mehr oder weniger mächtiger Gefässneubildung aufgetreten waren.

Die unterschiedlich starke Erweiterung der physiologischen
(rothes Blut führenden) Blutgefässe bei Entzündung, ist seit ältesten
Zeiten eine anerkannte Thatsache. Ein Blick auf die Conjunctiva
oder auf die Netzhaut bei Entzündung derselben genügt, um den
Beweis hiefür herzustellen.

Entschieden ist es jedoch bisher noch keinenfalls, ob diese
Erweiterung sich über das ganze Gefäss-System im Entzündungs-

---

[1]) Siehe m. opthal. Handatlas, Fig. 65., u. B. z. P. d. A. 1. Auflage,
Taf. XL., 2. Auflage Taf. XXV.

gebiete, oder ob sie sich nur auf einzelne Partien desselben erstrecke.

Neuere Untersuchungen, besonders an Thieren, scheinen die früheren Beobachtungen und Annahmen zu bestätigen, dass bei Entzündung die Arterien gleichwie die Venen und das Capillarsystem constant erweitert seien.

Diesem gegenüber muss ich nochmals hervorheben, dass ich bisher bei Netzhautentzündungen stets nur eine unterschiedlich starke Erweiterung der Venen und eine verhältnissmässig geringere der Capillaren, nicht aber der Arterien beobachtete habe.

Seit 20 Jahren verfolge ich den Entzündungsprozess in der Netzhaut, sah die Entzündungserscheinungen bei Syphilis, Morbus Brigthii, Diabetes mellitus, in Folge von Gehirnleiden, von traumatischen Einflüssen und den verschiedensten anderen Momenten sich entwickeln und ablaufen, doch weiss ich mich in diesen Hunderten von Fällen auch nicht eines Falles zu entsinnen, in welchem eine Erweiterung der Arterien als ein charakteristisches Symptom der Entzündung aufgetreten wäre.

Es fällt mir nicht bei, die gegentheiligen Angaben, die sich auf unmittelbare Beobachtungen stützen, irgendwie bezweifeln zu wollen; es ist jedoch insbesondere in Betreff der durch Aetzmittel u. s. w. an Thieren hervorgerufenen Entzündungen die Frage, ob die Beobachtungen an Fröschen und anderen Thieren sich auch am Menschen bestätigen, und ob die Erweiterung der Arterien nicht die unmittelbare Folge jener Mittel sei, welche zur Erzeugung der Entzündung in Anwendung gebracht wurden.

Eingehende Untersuchungen am Menschen sind daher in dieser Beziehung dringend nothwendig.

Sollte durch dieselben auch wirklich nachgewiesen werden, dass in anderen Geweben und Organen eine Erweiterung der Arterien im Entzündungsgebiete auftritt, so wäre doch mindestens durch meine Beobachtungen an der Netzhaut festgestellt, dass die Erweiterung der Arterien nicht ein constantes, nicht ein nothwendiges Symptom der Entzündung ist.

An den erweiterten Venen (die Capillaren kann ich nicht näher berücksichtigen, da das Spiegelbild zu einer genaueren Untersuchung derselben nicht die genügende Vergrösserung ergibt), insbesondere bei intensiver Retinitis, beobachtet man noch zwei wichtige Erscheinungen: erstens die Verlängerung der Gefässe, und zweitens die so häufig für kürzere oder längere Zeit auftretende Atonie der Gefässwände.

Die Verlängerung der Venen lässt sich nicht aus der stärkeren Füllung derselben, d. i. aus einem erhöhten Drucke des Blutes auf die Gefässwand erklären, da ebenso starke oder noch stärkere Ueberfüllungen mit Blut (wie z. B. bei Plethora, bei Congestiv- und Stauungs-Hyperaemie, bei Stase etc.) ohne Ausdehnung der Gefässe ihrer Länge nach verlaufen; und da anderseits der Druck des Blutes nicht nach Belieben, einmal in der Richtung des Querdurchmessers und ein anderes Mal in der Richtung des Längendurchmessers der Gefässe wirken kann.

Diese Verlängerung der Venen weist daher auf ein abweichendes Verhalten der Gefässwände bei Entzündung (gegenüber anderen Hyperaemien), sie weist auf eine Erkrankung der Gefässwände selbst hin.

Die Atonie der Gefässe, d. i. das Unvermögen der Gefässwände, sich in der Richtung ihres Quer- sowie ihres Längendurchmessers zu contrahiren, welches so häufig durch kürzere oder längere Zeit, selbst durch Jahre nach Ablauf der Entzündung fortbesteht, lässt sich ebenfalls nicht durch den Druck des Blutes auf die Gefässwand erklären, da der gleiche oder ein noch höherer Druck durch die gleiche oder noch längere Zeit bei anderen Hyperaemien besteht, ohne dass hiedurch die Gefässwandungen das Vermögen, sich zu contrahiren, einbüssen.

Diese Atonie der Gefässe weist daher gleichfalls auf eine Erkrankung der Gefässwände bei Entzündung hin.

Auf dieselbe weist übrigens noch ein anderes Moment hin u. z. die ungleichmässige Erweiterung ein und desselben Gefässes an verschiedenen Stellen, vor Allem an jenen, welche im Bereiche der mächtigsten Veränderungen des übrigen sie umgebenden Gewebes gelegen sind.

So wichtige Erscheinungen nun auch die Blutüberfüllung der Venen, die Verlängerung und Atonie derselben bei Entzündung sind, so schliessen sie doch nicht das Wesen der Entzündung in sich ein, u. z. 1) da sie überhaupt nur in gefässhaltigen Geweben vorkommen, 2) da anderseits die Hyperaemie auch bei Mangel von Entzündung besteht, 3) da die Verlängerung so wie die Atonie der Venen nicht stets bei Entzündung nachzuweisen sind, 4) da dieselben aber auch

nach Ablauf der Entzündung durch kürzere oder längere Zeit fortbestehen, und endlich 5) da dieselben auch bei anderen nicht entzündlichen Vorgängen in geringerem oder höherem Grade hervortreten. —

Ueber die Blutbewegung bei Retinitis u. z. ob und in welchem
Grade das Blut in den Gefässen des Entzündungsgebietes sich
schneller oder langsamer als unter physiologischen Verhältnissen
bewege, oder sich zu bewegen aufhöre, gibt der Augenspiegel leider
nur zum Theile bestimmte Aufschlüsse.

Als vollkommen sicher kann ausgesprochen werden: dass die
Blutbewegung während der Entwickelung und des
Ablaufes der Entzündung ununterbrochen fortbesteht, und dass die Stase als Entzündungssymptom
nicht vorkömmt.

Der Beweis hiefür ist dadurch gegeben, dass man durch einen
Druck auf den Bulbus, d. i. unter Vermehrung der Widerstände in
den Blutbahnen, den Arterienpuls zu jeder beliebigen Zeit und für
jede Zeitdauer in auffallend bestimmter Weise, sowie häufig auch
die Venenpulsation hervorzurufen vermag.

Dieser Beweis wird aber auch weiters dadurch unterstützt,
dass in jenen Fällen, in welchen, wie früher erwähnt, ophthal-
moscopisch Blutstase nachzuweisen ist, die Erscheinungen einer Entzündung mangeln.

Es wäre übrigens auch nicht zu erklären, wie bei Stase eine
häufig so massenhafte Stoffaufnahme und Neubildung, so mächtige
und dauernde Secretionen im Entzündungsgebiete sich entwickeln
könnten.

Beachtet man ferner, dass nach dem ophthalmoskopischen Bilde
die Netzhautvenen einen auffallend grösseren Querdurchmesser als
die Arterien besitzen, und dass nach hydrostatischen Gesetzen unter
den gegebenen Verhältnissen in derselben Zeit die gleiche Quantität
von Flüssigkeit durch die bezüglichen Querschnitte hindurchtritt, so
ergibt sich als eine weitere Thatsache: dass während der Entzündung die Bewegung des Blutes in den Venen im
Verhältnisse zu deren Ausdehnung langsamer ist, als
in den Arterien.

Die Verlangsamung des Blutstromes in den Venen dürfte sich
aber auch noch im Verhältnisse zum vermehrten Uebertritte des

Gefässinhaltes ins Gewebe, daher zur Mächtigkeit der Gewebsschwellung und der Secretionen in erheblicher Weise steigern.

Dieser letzte Satz könnte mit voller Bestimmtheit ausgesprochen werden, wenn nachgewiesen würde, dass die Schnelligkeit der
Blutbewegung in den Arterien während der Entzündung eine physiologische oder überhaupt eine unveränderte sei, und sich nicht im
Verhältnisse zur Mächtigkeit der Gewebszunahme und Secretion
vermehre

Für eine normale, ja oft selbst verlangsamte Bewegung des
Blutes in den Arterien des Entzündungsgebietes, gegenüber der
Blutbewegung in den Arterien des übrigen Körpers, und daher gegen eine Beschleunigung der Blutbewegung in den Arterien
der Entzündungsgebiete sprechen verschiedene Momente:

1. Die Widerstände in den Blutbahnen des Entzündungsgebietes
dürften vom Capillar- und Venenblute, wie vom Gewebe aus vermehrt sein.

Nur hiedurch lässt sich bei dem unveränderten Lumen der Arterien das leichtere und mächtigere Hervortreten der Arterienpulsation und das seltnere und undeutlichere Auftreten der Venenpulsation erklären.

So sah ich auch bei einfach venöser (nicht - entzündlicher)
Stauungshyperaemie in der Netzhaut und dadurch gegebener Vermehrung der Widerstände in der Blutbahn, spontanen Arterienpuls
auftreten.

2. Weiters entwickeln sich häufig in der unmittelbaren Umgebung des Entzündungsgebietes Congestiverscheinungen, welche als
der Ausdruck von Collateralhyperaemien anzusehen sein dürften.

Würde durch eine raschere arterielle Blutbewegung oder auch
durch eine Erweiterung der Arterien ein schnelleres und daher
massenhafteres Eintreten des Blutes in das Entzündungsgebiet herbeigeführt, so müsste diess, da die zuführenden (entfernteren) Arterien in ihrem Lumen unverändert bleiben, eine Collateral-Anaemie
in der Umgebung des Entzündungsgebietes zu Folge haben - was
eben nicht der Fall ist. Wohl aber sieht man bei allgemeiner Erweiterung der Blutbahn in einem Gewebe oder Organe, bei localer
(nicht-entzündlicher) Hyperaemie, bei sogenannter Congestion, Anaemie in anderen Gebieten auftreten.

Die Hyperaemie der Venen, der grössere Blutreichthum des
Entzündungsgebietes scheint daher nicht durch einen beschleu-

nigten, vermehrten Eintritt des Blutes hervorgerufen zu
sein, sondern dadurch, dass die Gefässe in Folge der Er-
schlaffung ihrer Wandungen durch den gegebenen
Blutdruck ausgedehnt werden.

Die an Thieren nachgewiesene Beschleunigung in der Blutbewegung dürfte daher ebenfalls als eine unmittelbare Folge des
angewendeten, die Entzündung hervorrufenden Mittels, und nicht als
ein Entzündungssymptom anzusehen sein.

Dass auch in dieser Verlangsamung der Blutbewegung das
Wesen der Entzündung nicht gegeben sei, erhellt aus den Stauungs-
und so manchen anderen Hyperaemien, welche ohne Entzündung
bestehen, und bei welchen ebenfalls eine geringere oder grössere
Verlangsamung des Blutstromes vorhanden ist. —

e) Die Geschwulst und vermehrte Secretion erscheinen durchschnittlich als sehr wesentliche Symptome der Entzündung, sind aber keine constanten, und noch weniger pathognomoni-
sche Erscheinungen derselben.

Die Vermehrung physiologischer und die Entwickelung pathologischer Secretionen tritt unter dem Bestande von Entzündung vor
Allem mächtig hervor; beide mangeln jedoch wiederholt durch kürzere oder längere Zeit während der Entzündung, und kommen anderseits auch vor, ohne dass weitere Entzündungserscheinungen
nachzuweisen sind. Eine specifisch entzündliche Secretion gibt es
nicht.

Die Geschwulst bei Entzündung wird in geringem Grade durch
die Gefässhyperaemie hervorgebracht, vor Allem aber durch das
sogenannte parenchymatöse (parenchymatöse Schwellung, Virchow) [1]
und interstitielle Exsudat, durch das seröse, eitrige, haemorrhagische,
fibrinöse, Exsudat etc., aber auch durch Neubildung von Gefässen,
von Epithel, Bindegewebe, Knochengewebe etc., durch Auflagerungen
und Pseudomembranen etc.

Alle diese Gewebsveränderungen können aber auch mehr oder
weniger ohne Entzündung auftreten

Man sage nicht, dass alle pathologischen Ernährungsvorgänge
stets entzündliche seien, und der Unterschied nur darin bestehe,
dass in dem einen Falle die Entzündungserscheinungen deutlich

---

[1] Siehe R. Virchow, die Cellularpathologie, Berlin 1871, pag. 376.

ausgeprägt, in dem anderen Falle aber so geringe seien, dass man sie nicht zu erfassen, nicht nachzuweisen vermöge.

Kann man einen Vorgang, also hier die Entzündung, nicht wahrnehmen, so vermag man allerdings die Möglichkeit nicht zu leugnen, dass er dennoch vorhanden sei; aber man hat aus demselben Grunde kein Recht zu behaupten, dass er wirklich vorhanden sei.

Sieht man daher bestimmte Gewebsveränderungen auch ohne nachweisbare Entzündungserscheinungen sich entwickeln, so ist man nicht berechtiget, zu behaupten, dass sie sich n u r u n t e r Entzündung zu bilden vermögen, dass sie somit das Vorhandensein von Entzündung b e w e i s e n, und stets als Entzündungssymptome zu gelten haben.

Wäre jede Ernährungsstörung eine entzündliche, so würde hiedurch der sicherste Beweis geliefert sein, dass die Entzündung nicht durch eine b e s t i m m t e A r t der pathologischen Ernährungsvorgänge bedingt sei, oder stets eine bestimmte Art derselben veranlasse.

Gäbe es andererseits wirklich Gewebsveränderungen, welche sich n u r unter Entzündungserscheinungen entwickeln, so würden sie doch nicht das Wesen der Entzündung in sich schliessen, da so häufig Entzündungen o h n e d i e s e s p e c i f i s c h e n Gewebsveränderungen sich entwickeln und ablaufen.

Wie die Geschwulst sowohl bei entzündlichen als bei nicht entzündlichen krankhaften Vorgängen auftritt, so ist sie auch anderseits kein constantes Symptom der Entzündung

Bei so manchen Vorgängen der progressiven, vor Allem aber der regressiven Metamorphose ist bei dem Bestehen der Entzündung eine Gewebsschwellung nicht nachweisbar, ja die Massenabnahme, der Gewebsschwund ein eminentes Entzündungssymptom.

Bei den Processen der progressiven Metamorphose im Auge lässt sich während der Entzündung in Folge der vermehrten Stoffaufnahme ins Gewebe und der weiteren Veränderungen im letzteren, häufig eine Schwellung der einzelnen Gebilde, eine Vergrösserung des ganzen Bulbus, insbesondere eine Zunahme des intraoculären Druckes beobachten.

Noch häufiger sieht man in derartigen Fällen, trotz der nachweisbar vermehrten Stoffaufnahme und Vergrösserung einzelner Gebilde, keine Volumszunahme des Augapfels, noch eine Steigerung des intraoculären Druckes sich entwickeln.

Mit der Schwellung einzelner Gebilde hält der Verlust an Masse in anderen Gebilden gleichen Schritt.

In noch anderen, wenn auch seltneren Fällen tritt im Verhältnisse zur Intensität der Entzündung und zur Mächtigkeit der Stoffaufnahme, ein noch grösserer Verlust an Masse in einzelnen oder sämmtlichen Gebilden, und sofort eine Verminderung des intraoculären Druckes, eine Entspannung und Volumsabnahme des Bulbus ein.

Bei der Stoffaufnahme in ein Gewebe, sei dieselbe normal gross, geringer oder mächtiger, kömmt es eben auf das Verhältniss derselben zur Stoffabgabe (Abfuhr) von Seite dieses Gewebes an, ob das normale Volum erhalten bleibt oder ob Schwellung oder Volumsabnahme im Gewebe eintritt.

Es mag die Stoffaufnahme in einem Gewebe sich beliebig steigern wenn gleichzeitig die Stoffabfuhr in dem benachbarten oder in demselben Gewebe noch grösser ist, so muss ein Massenverlust in der Gesammtheit beider oder in dem einzelnen Gewebe resultiren.

Bei Processen der regressiven Metamorphose im Auge tritt die Schwellung der Gebilde, und dadurch die Steigerung des intraoculären Druckes gemeiniglich in geringerem Grade, dagegen der Schwund der Gebilde, die Entspannungs- und Volumsabnahme des Bulbus bedeutend häufiger und in höherem Grade wie bei Processen der progressiven Metamorphose als Entzündungssymptom auf.

Die Vermehrung so wie die Verminderung des intraoculären Druckes kommt daher bei Processen der progressiven wie regressiven Metamorphose als Entzündungssymptom vor.

Diese Verhältnisse beweisen also schliesslich, dass bei der Entzündung entweder blos ein massenhafterer Stoffübertritt aus den stoffzuführenden Gefässen ins Gewebe, oder auch gleichzeitig eine ebenso massenhafte oder noch grössere, selbst auch eine verminderte Stoffabfuhr aus dem Gewebe erfolgt, dass daher bei Entzündung stets ein massenhafterer Stoffwechsel bestehe.

Dieser vermehrte Stoffwechsel ist aber an und für sich auch kein pathognomonisches Symptom der Entzündung, da er auch bei nicht-entzündlichen krankhaften, ja selbst bei physiologischen Vorgängen, insbesondere aber bei Reizung gegeben ist. —

f) Schliesslich ist noch ein weiteres sehr wichtiges Merkmal der Entzündung zu berücksichtigen.

Ueberblickt man nämlich die verschiedenen entzündlichen Gewebsveränderungen der progressiven wie regressiven Metamorphose gegenüber den nicht-entzündlichen, oder jene krankhaften Ernährungsvorgänge, welche abwechselnd unter Entzündungserscheinungen und dann wieder ohne solche verlaufen: so prägt sich im Allgemeinen unter dem Bestehen von Entzündung eine raschere und mächtigere Entwickelung, eine schnellere Verbreitung, ein rascherer Verlauf des krankhaften Vorganges aus.

Bei der Entzündung ist stets der Stoffumsatz beschleunigt.

Aber auch dieses Entzündungssymptom ist an und für sich kein pathognomonisches, da eine Beschleunigung des Stoffwechsels ebensowohl bei physiologischen wie auch bei nicht entzündlichen pathologischen Vorgängen vorkommt.

Nachdem nun, wie aus dem bisher Erwähnten erhellt, kein einziges Entzündungssymptom sich als ein pathognomonisches erweist, und da die verschiedensten Gewebsveränderungen und Secretionsanomalien unter Entzündung sich entwickeln — welchen krankhaften Vorgang soll man als einen entzündlichen bezeichnen?

Soll man die Diagnose der Entzündung willkürlich, oder irgend einer Theorie zu Liebe, von dem Vorhandensein eines bestimmten Entzündungssymptomes, oder von einer gewissen Art von Ernährungsstörung, oder insbesondere von einem bestimmten mikroskopischen Befunde abhängig machen?

Man würde hiedurch die Entzündung bei einer grossen Anzahl von krankhaften Vorgängen ausschliessen, in welchen der praktische Arzt mit gleichem Rechte wie in den andern Fällen von einer Entzündung spricht, ja sprechen muss.

Man würde hiedurch die Veranlassung geben, dass man neben einer legitimen und vor Allem im Cadaver nachweisbaren Entzündung, an Lebenden noch manche andere falsche, illegitime Entzündungen aufstellen müsste.

Man würde dadurch aber auch eine beträchtliche Zahl krankhafter Vorgänge zu entzündlichen stempeln, die der praktische Arzt nicht als entzündliche anzuerkennen vermag.

Diese angedeuteten Wege zur Bestimmung dessen, was man als Entzündung bezeichnen soll, hat man wiederholt betreten.

So wurde auch in neuerer Zeit, hauptsächlich durch Prof. Cohnheim der Begriff der Entzündung vor Allem an den Uebertritt von rothen und insbesondere von weissen Blutkörperchen aus den Gefässen ins Gewebe gebunden.

Hiedurch ist die Lehre von der Entzündung von ihrem natürlichen Boden verrückt, und zur Lehre von der entzündlichen Hämorrhagie und Eiterbildung umgestaltet worden.

Welcher praktische Arzt wird die Entzündung an das Auftreten von Hamorrhagien und Eiterung binden!

Soll in der grösseren Zahl entzündlicher Vorgänge, bei welchen, wie auch mikroskopisch nachweisbar, kein Austritt rother Blutkörperchen ins Gewebe, keine Eiterung in demselben, oder höchstens rothe und weisse Blutkörperchen in verschwindender Zahl im Gewebe gegeben sind — soll in all diesen Fällen keine Entzündung vorhanden sein?

Soll dagegen in allen Fällen, in welchen ausserhalb der Gefässe rothe und weisse Blutkörperchen vorkommen, auch stets Entzündung bestehen?

Sollen alle Eiterkörperchen nur extravasirte weisse Blutkörperchen sein?

Fasst man auch Cohnheim's Definition [1] der Entzündung in ihrer Gesammtheit auf: „Die immer mit verhältnissmässiger Lang„samkeit sich ausbildende Erweiterung und Blutüberfüllung der Ar„terien, Capillaren und Venen, die mit dieser Erweiterung Hand in „Hand gehende Verlangsamung der Stromgeschwindigkeit, die Rand„stellung der farblosen Blutkörperchen in den Venen, die partiellen „Stagnationen in den Capillaren, die gesteigerte Transsudation von „Blutflüssigkeit und endlich die Extravasation weisser Blutkörper„chen aus Venen und Capillaren, sowie rother aus letzteren," so ist hiedurch noch keineswegs der Begriff der Entzündung erschöpft, und die Entzündung noch nicht genügend von den nicht-entzündlichen Vorgängen abgegrenzt.

---

[1] Prof. Dr. Jul. Cohnheim. Neue Untersuchungen über die Entzündung. Berlin 1873, pag. 63.

Kommt die Erweiterung und Blutüberfüllung der Gefässe, die Verlangsamung der Stromgeschwindigkeit, die Randstellung der weissen Blutkörperchen in den Venen, die Stagnation des Blutes, der Austritt von Blutflüssigkeit, von rothen und weissen Blutkörperchen aus den Gefässen nicht jedes für sich, aber kommen sie nicht auch in unterschiedlicher Verbindung untereinander, ja in ihrer Gesammtheit bei anderen nicht-entzündlichen Processen vor?

Kommen nicht bei Entzündungen auch gleichzeitig noch andere wesentliche Vorgänge vor, oder mangeln nicht bei Entzündung häufig einzelne der angegebenen Vorgänge?

Durch Cohnheim's Definition ist keine allgemein gültige Begriffsbestimmung der Entzündung gegeben.

Diese Definition beschreibt nur den Vorgang am Gefässapparate bei einer bestimmten Art entzündlicher Ernährungsstörungen, welche auch häufig am Menschen in ähnlicher Weise, u. z. speciell in Folge von Aetzungen etc. beobachtet wird.

Wollte man Cohnheim's Definition der Entzündung als allgemein giltig annehmen, so würde man hiedurch die Entzündungen mit parenchymatösem Exsudat (parenchymatöser Schwellung), die Entzündungen mit blos serösem, schleimigem, fibrinösem Exsudat, mit Gefässneubildung, mit Wucherung der Epithelialzellen etc. aus der Reihe der Entzündungen, mindestens der legitimen ausscheiden, man würde in der grösseren Zahl der Fälle die Keratitis parenchymatosa, die Glaskörperentzündung, insbesondere aber die Descemetitis und Linsenentzündung etc. nicht als entzündliche Vorgänge anerkennen.

Auf solchen Wegen hat man bisher stets vergebens gesucht, zu einer allgemein gültigen Begriffsbestimmung der Entzündung zu gelangen, und wird sich auch fernerhin vergebens bemühen, da sie einseitige sind.

Der einzige Erfolg verheissende Weg ist: die Entzündung von einem allgemeinen Gesichtspunkte aus zu verfolgen.

Man muss am Lebenden alle jene krankhaften Vorgänge, welche, mindestens zum grösseren Theile, die von Alters her bekannten und auch heutzutage anerkannten Entzündungserscheinungen in deutlicher Weise zeigen, zusammenstellen, und aus deren Gesammtheit wieder jene Gruppirungen der Einzelerscheinungen auslösen, welche dermalen als maassgebend erscheinen sollen, einen speciellen Krankheitsfall als einen entzündlichen zu bezeichnen.

Erst dann, wenn man auf solche Weise bestimmt hat, welche speciellen krankhaften Vorgänge als entzündliche zu bezeichnen sind, kann man diese den nicht entzündlichen Vorgängen gegenüberstellen, und durch weitere Forschungen jene Verhältnisse und Gewebsveränderungen aufzudecken versuchen, welche den einzelnen bei krankhaften Vorgängen überhaupt hervortretenden Erscheinungen zu Grunde liegen, und welche Verhältnisse und Gewebsveränderungen speciell als entzündliche anzusehen sein sollten.

Ueberblickt man in Verfolgung dieses Weges alle jene krankhaften Vorgänge, welche am Krankenbette heutzutage allseitig als entzündliche bezeichnet werden, so wird man sich überzeugen, dass denselben nicht eine bestimmte, gemeinsame Art der Ernährungsstörungen unterliegt, sondern dass unter Entzündungserscheinungen (als entzündliche) die verschiedensten Ernährungsstörungen der progressiven wie regressiven Metamorphose sich entwickeln und ablaufen.

Die Entscheidung der Frage, ob einzelne Arten der Ernährungsstörungen niemals als entzündliche, andere dagegen nur unter Entzündungserscheinungen auftreten, muss der Zukunft überlassen bleiben.

Man hat bis nun vielfach versucht, die einzelnen Entzündungserscheinungen zu erklären, insbesondere war man bemüht, die veranlassenden Momente der Erweiterung der Gefässe und der Verlangsamung des Blutstromes, sowie des Uebertrittes von Plasma und Blutkörperchen aus den Gefässen ins Gewebe zu erforschen und klar darzulegen.

Der älteren Ansicht nach sollte ein beschleunigteres Zufliessen, ein vermehrter Andrang des Blutes nach dem Entzündungsgebiete die Erweiterung der Gefässe veranlassen.

Nachdem jedoch die Herzcontractionen nicht beliebig eine grössere Quantität des Blutes nach einem bestimmten Gefässgebiete hintreiben können; eine vermehrte Thätigkeit der Arterien des Entzündungsgebietes, wodurch dieselben wie ein Pumpwerk wirken sollten, nicht existirt, und dieselbe auch nicht im Stande wäre, unter den gegebenen Verhältnissen eine andauernde Erweiterung des Gefässgebietes hervorzurufen: andere Momente endlich für einen vermehrten Blutandrang nicht gegeben sind — so wurde schon längst diese Ansicht fallen gelassen.

In späterer Zeit hat man die Lähmung vasamotorischer Nerven als die Ursache der Gefässerweiterung angenommen.

Diese Lähmung kommt gewiss bei manchen entzündlichen Vorgängen vor. Ob sie jedoch bei allen Entzündungen gegeben ist, wurde bisher nicht nachgewiesen, und erscheint auch nicht sehr wahrscheinlich. Sie kommt aber auch bei nicht-entzündlichen Vorgängen vor.

Durch die Lähmung vasamotorischer Nerven, liessen sich wohl die Gefässausdehnung und die Verlangsamung des Blutstromes, nicht aber die übrigen Erscheinungen bei Entzündung erklären.

Einen anderen Grund der Gefässausdehnung suchte man in der Erhöhung des Blutdruckes bei normaler Resistenz der Gefässwandungen.

Eine solche Gefässerweiterung durch Steigerung des Blutdruckes beobachtet man, wie früher erwähnt, sehr häufig, z. B. bei den Stauungs- und Collateralhyperaemien etc. in Folge irgend eines Stromhindernisses.

Derartige Stromhindernisse sind in der überwiegend grösseren Zahl der entzündlichen Vorgänge nicht nachweisbar; anderseits führen sie in den meisten Fällen wo sie wirklich bestehen, wie eben die Stauungshyperaemien etc. beweisen, nicht zur Entzündung.

Eine Erweiterung der Venen und Capillaren durch Steigerung des Blutdruckes könnte auch durch Verminderung der Widerstände in den arteriellen Bahnen des Entzündungebietes, also durch Erweiterung der Arterien hervorgerufen werden.

Die Erweiterung der Arterien bei Entzündung ist aber am Menschen bisher noch nicht erwiesen, und in der Netzhaut positiv nicht vorhanden.

Sie würde auf eine Verminderung der Widerstandsfähigkeit der arteriellen Gefässwandungen hinweisen, welche nur wieder durch eines der übrigen hier erwähnten veranlassenden Momente erklärt werden könnte.

Eine solche Erweiterung der Arterien würde anderseits bei der geringen Länge dieser Gefässe im Entzündungsgebiete, nur eine geringe Summe von Widerständen in der Blutbahn beseitigen, und daher nur eine sehr geringe Erhöhung des Blutdruckes in den

Capillaren und Venen erzeugen. Jedenfalls könnte eine solche Erweiterung der Arterien nur eine vollkommen entsprechende Erweiterung der Capillaren und Venen hervorrufen, d. i. die Differenz zwischen den Durchmessern der Arterien und Venen würde dieselbe, die normale bleiben.

Ein solches Verhältniss stimmt aber nicht mit dem Verhalten des Gefäss-Systemes bei Entzündung überein; man könnte in dieser Weise die unverhältnissmässig starke Erweiterung der Venen gegenüber den Arterien bei Entzündung nicht erklären.

Die übereinstimmende Erweiterung der Arterien und Venen kommt übrigens, wie früher angegeben, bei gesteigerter Herzbewegung, Plethora vera, Habitus apoplecticus, Fieber u. s. w. in unterschiedlichem Grade sehr häufig vor, ohne dass durch sie Entzündung veranlasst würde.

Durch Virchow[1]) wurde endlich auf die nutritiven Veränderungen in den Gefässwänden im Entzündungsgebiete hingewiesen.

Durch dieselben wird der Tonus der Gefässwandungen im unterschiedlichem Grade vermindert, werden die Gefässmuskeln erschlafft, wird die Elasticität der Gefässwandungen vermindert, und das Gewebe der Gefässwände je nach der Art der Ernährungsstörung gelockert, brüchig etc. und derart die Erweiterung der Gefässe nicht nur an und für sich — da sie nun nicht mehr im Contractionszustande verharren können — sondern auch im Verhältnisse zur Grösse des bestehenden Blutdruckes herbeigeführt.

Die nutritive Störung in den Gefässwandungen lässt sich in der grösseren Zahl der Fälle bei Entzündung nachweisen: sie hält meistens gleichen Schritt mit der Intensität der Entzündung, und durch sie lassen sich nicht nur die Gefässausdehnung, sondern auch andere Erscheinungen bei der Entzündung erklären.

Dieselbe ist jedenfalls der Art nach sehr verschieden, und wird daher bei der einen Entzündung keine, bei einer anderen aber weisse und rothe Blutkörperchen durch die Gefässwand hindurchlassen.

Dass eine solche Ernährungsstörung der Gefässwandungen um so auffallender hervortritt, wo die Entzündung durch Aetzungen u. s. w. hervorgerufen wird, welche nicht nur das Gewebe, sondern auch die Gefässwände direct treffen, ist selbstverständlich. —

[1]) Siehe Handbuch der speciellen Therapie und Pathologie von Virchow Vogel und Stiebel. Erlangen 1854. 1. B. pg. 53, 59 u. 66.

Eine Störung in der Blutbewegung bei der Entzündung wird allgemein angenommen.

Einige sprechen von einer vollständigen Hemmung der Circulation, Andere von einer Beschleunigung und wieder Andere von einer Verlangsamung der Blutbewegung.

Das Vorkommen von Blutstase im ganzen Bereiche des Entzündungsgebietes, oder überhaupt als ein hervorragendes Moment bei der Entzündung konnte bisher nicht nachgewiesen werden. Die particllen Capillarstagnationen, welche an Thieren bei Entzündungen zu beobachten sind, und gewiss auch beim Menschen vorkommen, dürften kaum als Entzündungserscheinungen, sondern vielmehr als ein Symptom einer localen Hemmung des Stoffwechsels anzusehen sein, welche Hemmung durch die unmittelbare Einwirkung des Aetzmittels etc., sowie durch manche andere Momente hervorgerufen wird.

Die Capillarstasen dürften sonach Ausschaltungsbezirke im Bereiche des Entzündungsgebietes bezeichnen.

In jenen Fällen dagegen, wo am Lebenden innerhalb arterieller und venöser Gefässe, so insbesondere in der Netzhaut, wirklich Stase nachgewiesen wurde, fehlte stets zur Zeit die Entzündung.

Anderseits ergibt die Beobachtung am Lebenden, vor Allem in der Netzhaut, dass während des ganzen Verlaufes der Entzündung in allen sichtbaren Arterien und Venen ununterbrochen die Blutcirculation fortbesteht. Auch lassen sich durch die Stase nur einzelne, nicht aber die wichtigeren Erscheinungen bei Entzündung, wie z. B. die andauernde Temperaturerhöhung, die mächtigen Gewebsschwellungen, die Neubildungen, die massenhaften Secretionen u. s. w. erklären.

Der Stasenlehre dürfte daher dermalen keine Berechtigung mehr zur Erklärung der Entzündung zuerkannt werden.

In gleicher Weise ist für eine Beschleunigung der Blutcirculation in den Arterien, Venen und Capillaren des Entzündungsgebietes während der Entzündung, bisher kein thatsächlicher Anhaltspunct gegeben; auch wurde diese Annahme durch den Nachweis der Verlangsamung der Blutbewegung direct widerlegt.

Jene Beschleunigung, welche wiederholt an Thieren unmittelbar nach Anwendung eines Cauteriums etc. zu beobachten ist, kann, wie auch Cohnheim annimmt, nicht als Entzündungssymtom, sondern nur als eine unmittelbare Wirkung der Noxe angesehen werden.

Es bleibt sonach nur mehr die Verlangsamung der Blutbewegung während der Dauer der Entzündung übrig.

Dieselbe lässt sich als ein constantes, wenn auch dem Grade
nach sehr unterschiedliches Symptom der Entzündung, durch die
Gefässerweiterung, insbesondere in der Netzhaut durch die überwiegende Erweiterung der Venen gegenüber den Arterien nachweisen.

Für sie spricht der leichter und mächtiger hervorzurufende
oder spontan auftretende Arterienpuls und die seltenere und schwieriger
zu erzeugende Venenpulsation.

Sie wird an Thieren direct beobachtet.

Sie wird aus dem reichhaltigeren Uebertritte des Gefässinhaltes
in das Gewebe erschlossen.

Zur Erklärung der Verlangsamung des Blutstromes genügt
vollkommen die Erweiterung der Gefässe und der vermehrte
Uebertritt des Gefässinhaltes in das Gewebe.

Ausser diesen Momenten gibt es jedoch unleugbar noch andere,
wie z. B. Veränderung in der Cohaesion des Blutes oder der inneren
Gefässfläche etc., welche in einzelnen Fällen noch weitere Einflüsse
auf die Verlangsamung der Blutbewegung ausüben —

Der Uebertritt von Blutplasma und Blutkörperchen in das Gewebe bei Entzündungen wird in verschiedener
Weise erklärt.

Vielseitig wird der Blutdruck als die wesentlichste Ursache
des Uebertrittes des Gefässinhaltes in das Gewebe unter physiologischen wie pathologischen Verhältnissen angesehen, wobei die Gefässwand die Stelle eines einfachen Filtrums einnimmt.

Sind der Blutdruck und die Gefässe normal, so treten durch
die Gefässwand der Wesenheit nach nur die flüssigen Bestandtheile
des Blutes, das Blutplasma, in einer den physiologischen Verhältnissen entsprechenden Quantität.

Ist der Blutdruck vermindert oder erhöht, so durchdringt eine
geringere oder grössere Quantität von Blutflüssigkeit die Gefässwand.

Wird die Gefässwand ausgedehnt, insbesondere aber durch
pathologische Vorgänge derart verändert, dass sie als Filtrum leichter
permeabel ist, so treten bei normalem, bei erhöhtem wie auch bei vermindertem Drucke aus dem Gefässlumen nicht nur entsprechend
mehr Blutflüssigkeit, sondern auch geformte Theile des Blutes, rothe
und weisse Blutkörperchen, in das Gewebe über.

Fasst man den Uebertritt des Gefässinhaltes in das Gewebe nach dieser rein mechanischen Weise auf, so muss man auch gleichzeitig die Druckverhältnisse im Gewebe berücksichtigen.

Der Druck, unter welchem das Gewebe steht, kann nun ebenfalls normal, er kann erhöht oder vermindert, und daher überhaupt dem Blutdrucke entweder gleich oder grösser, oder geringer als dieser sein.

Ist sonach der Gewebsdruck in geringerem oder höherem Grade schwächer als der Blutdruck, so wird der Gefässinhalt um so rascher und in einer um so grösseren Quantität in das Gewebe übertreten.

Ist der Gewebsdruck gleich dem Blutdrucke, so kann kein Uebertritt von Bestandtheilen des Blutes in das Gewebe, oder von Gewebsbestandtheilen in das Blut erfolgen.

Erweist sich endlich der Gewebsdruck höher als der Blutdruck, so wird nicht nur kein Uebertritt des Gefässinhaltes ins Gewebe erfolgen, sondern es müsste ein Uebertritt der Gewebsflüssigkeiten in das Blut (Resorption) stattfinden.

So einfach und richtig auch diese Verhältnisse an und für sich sind, und bis zu einem gewissen Grade auch im lebenden Körper eine Geltung haben müssen und auch wirklich haben, so erscheint doch der Stoffwechsel während des Lebens nicht auf so einfacher Grundlage aufgebaut.

Es lassen sich in dieser rein mechanischen Weise nicht nur die grössere Zahl der bezüglichen Erscheinungen unter physiologischen wie insbesondere unter pathologischen Verhältnissen während des Lebens nicht erklären, sondern letztere sprechen direct gegen diese Erklärungsweise.

Man kann z. B. durch Verminderung des Gewebsdruckes mittelst eines trockenen Schröpfkopfes, einen massenhafteren Uebertritt von Blutflüssigkeit und geformten Bluttheilen in das Gewebe und selbst an die Oberfläche desselben erzeugen, und anderseits durch Compression eine überwiegende Resorption, eine Verminderung der Masse des Gewebes einleiten.

Man beobachtet jedoch sehr häufig am Lebenden, trotz Vermehrung des Gewebsdruckes, eine stetige Zunahme des Uebertrittes von Blutbestandtheilen in das Gewebe, und umgekehrt trotz Entspannung des Gewebes keine Vermehrung des Uebertrittes.

So sieht man bei Stauungshyperaemien in der Netzhaut unter übrigens physiologischen Verhältnissen, trotz erheblicher Steigerung des Blutdruckes und ebenso bedeutender oder noch stärkerer Ausdehnung der Gefässwände wie bei den intensivsten Entzündungen, keinen vermehrten Uebertritt von Blutbestandtheilen in das Gewebe.

Bei vollendeter Netzhaut-Blutstase, wo der Blutdruck den grösstmöglichen Grad erreicht und wo, wie früher erwähnt, durch denselben die Gefässe wiederholt in einer ganz unglaublichen, die Entzündungshyperaemie weitaus übertreffenden Weise ausgedehnt werden, fehlt selbst nach Tagen jede Gewebsschwellung in der Netzhaut, sowie überhaupt jedes Entzündungssymptom.

Bei Embolie der Netzhautarterien mangelt in der ersten Zeit stets die Entzündung, und wenn diese im Verlaufe der nächsten Tage sich entwickelt, so tritt sie nicht im Gebiete der Collateralhyperaemie auf, wo Druckerhöhung und Gefässausdehnung herrscht, sondern im ischämischen Gebiete, in welchem der Blutdruck geringer, die Gefässe erheblich kleiner und die Gefässwandungen stark contrahirt sind.

Bei, Hyperaemien nach abgelaufener Retinitis besteht, trotz gleicher Atonie und Ausdehnung der Gefässwandungen wie während der Entzündung, kein vermehrter Uebertritt des Gefässinhaltes ins Gewebe.

Verfolgt man Fälle weit vorgeschrittener Netzhautatrophie, so sieht man trotz des auffallend geringeren Gefässlumens und erheblicher Verdichtung der Gefässwandungen, wiederholt sehr intensive Entzündung mit bedeutender Netzhautschwellung eintreten.

Bei entzündlichen Chorioidealleiden tritt nicht selten für Stunden und Tage eine auffallende, selbst gänzliche Entspannung des Augapfels ein, ohne dass hiedurch ein vermehrter Uebertritt von Blutplasma und geformten Bluttheilen in das Gewebe veranlasst würde.

Anderseits sieht man bei Entzündung trotz Steigerung des Gewebsdruckes, trotz stetig zunehmender Härte der Entzündungsgeschwulst, ununterbrochen, ja in zunehmendem Grade Blutbestandtheile in das Gewebe übertreten.

Wie oft beobachtet man bei Entzündungen des Auges eine fortwährende Steigerung des intraoculären Druckes. Der Augapfel wird zuletzt so zu sagen steinhart, und trotzdem ergibt sich keine Verminderung der Entzündungserscheinungen, insbesondere der Exsudation — ja es tritt erst in dieser Periode, wo der Gewebsdruck weitaus den Blutdruck überragt, eine massenhaftere Extravasation und Eiterung hervor.

Der Druckverband am Auge wirkt häufig antiphlogistisch; in anderen Fällen dagegen kann man durch denselben vom Beginne der Entzündung an einen beliebig intensiven und selbst einen den Blutdruck weit überragenden Druck auf das Auge ausüben, ohne dass man hiedurch im Stande wäre, die weitere Entwickelung der Entzündung, den stetig zunehmenden Uebertritt des Gefässinhaltes in das Gewebe zu verhüten.

Bei manchen Exsudationsvorgängen, insbesondere bei Diphtheritis am Auge, sieht man endlich den Gewebsdruck so hoch steigen, dass sämmtliche Gefässe des Entzündungsgebietes zusammengedrückt. und die kleineren Gefässe selbst theilweise blutleer werden — und trotzdem erfolgt eine weitere Stoffaufnahme in das Gewebe

Aus solchen Vorgängen ergibt sich, dass der Blutdruck allein nicht hinreicht, um den Uebertritt des Gefässinhaltes in das Gewebe zu erklären.

Man hat daher noch andere Theorien aufgestellt, durch welche insbesondere der Uebertritt der geformten Bluttheile erklärt werden sollte. Da sie aber ebenfalls nicht alle Fälle zu erklären vermögen, und sich dennoch gleichzeitig mehr oder weniger auf den Blutdruck stützen, so dürfte ein näheres Eingehen auf dieselben hier nicht nothwendig erscheinen.

Anders verhält es sich dagegen mit der A t t r a c t i o n s - t h e o r i e.

Verlegt man nach Virchow den eigentlichen Lebensherd in die Zelle, und erkennt man bei der Entzündung eine Erhöhung der Lebensthätigkeit derselben an, welche eine Vermehrung des Stoffwechsels bedingt, so sind hiedurch nicht nur der gesteigerte Uebertritt des Gefässinhaltes in das Gewebe, sondern auch alle übrigen Entzündungserscheinungen erklärt.

Die vermehrte Stoffaufnahme, die gesteigerte Anziehung von Ernährungsmateriale seitens des Gewebes ist die Ursache, dass die flüssigen Bestandtheile des Blutes in reichlicherem Maasse durch die Gefässwand treten.

Da aber weiters diese gesteigerte Thätigkeit zur Ernährungsstörung führt, so wird auch, je nach der Art der Ernährungsstörung, welche sich im Gewebe und sohin in den Gefässwandungen ausbildet, letztere mehr oder weniger befähigt, auch geformte Elemente des Blutes hindurchtreten zu lassen.

Der gesteigerte Bezug des Gewebes aus dem Gefässinhalte führt in einem entsprechenden Grade zur Verlangsamung des Blutstromes, andererseits zur Randstellung der weissen Blutkörperchen, da diese der exosmotischen Stromrichtung leichter folgen, als die sich gegenseitig anziehenden rothen Blutkörperchen.

Der vermehrte Bezug des Gewebes vor Allem an Blutflüssigkeit bedingt die Anhäufung von Blutkörperchen in den Gefässen, die Eindickung des Blutes.

Die Ernährungsstörung in den Gefässwandungen führt, wie früher erwähnt, zur Erweiterung der Gefässe und sofort zu einer weiteren Verlangsamung des Blutstromes.

Die gesteigerte Thätigkeit der Zelle, überhaupt der beschleunigte und vermehrte Stoffwechsel (Stoffumsatz) im Gewebe erzeugt einen höheren Grad von Wärme in demselben, erzeugt Functionsstörung und Schmerz, und führt — je nach dem gegenseitigen Verhältnisse der Stoffaufnahme und Stoffabgabe — zur Gewebsschwellung oder Gewebsabnahme, aber auch weiterhin zu einem rascheren Ablaufe der gleichzeitig eingeleiteten oder schon früher gegebenen Art der Ernährungsstörung der progressiven oder regressiven Metamorphose.

Eine weitere sehr wichtige Frage ist es, ob alle bei entzündlichen wie nicht-entzündlichen Vorgängen im Gewebe und in der Secretion vorkommenden Eiterkörperchen weisse Blutkörperchen seien.

Viele, und darunter vor Allem Prof. Cohnheim, vertreten die Einwanderungstheorie, und erklären jedes Eiterkörperchen für ein aus den Gefässen ausgewandertes weisses Blutkörperchen; Andere, wie insbesondere in neuerer Zeit Prof. Stricker, behaupten, dass die Eiterkörperchen aus verschiedenen Quellen stammen.

Unleugbar entwickelt sich Eiterung in der grössten Zahl der Fälle nur unter dem Bestehen von Entzündungserscheinungen; es dürfte jedoch nicht zu bezweifeln sein, dass wiederholt eine geringere oder grössere Zahl von Eiterkörperchen im Gewebe auftritt oder in der Sekretion vorhanden ist, ohne dass die geringsten Entzündungserscheinungen nachzuweisen wären.

So sieht man z. B. in einzelnen Fällen im Parenchyme der Cornea kleine Eiterherde, oder in den oberflächlichen Schichten der Cornea Pusteln auftreten, welche Eiterzellen enthalten, oder auch nach wenig ausgedehnten Verletzungen der Cornea Eiterkörperchen auf der Wundfläche hervortreten, ohne dass selbst bei der stärksten Loupenvergrösserung im Rande oder in der Umgebung der Cornea eine stärkere Gefässinjection oder sonst irgend eine Entzündungserscheinung zu erkennen wäre.

Woher kommen in solchen Fällen die Eiterkörperchen?

Sollen sie aus den Gefässen der Conjunctiva und Sclerotica stammen? Wie wäre das Austreten der weissen Blutkörperchen aus denselben zu erklären, nachdem die Gefässe gar nicht oder doch mindestens in einem nicht nachzuweisenden Grade erweitert sind, und da ferner wohl nicht anzunehmen ist, dass eine derartige erhebliche nutritive Veränderung in den Gefässwandungen, so dass selbst Blutkörperchen hindurchtreten können, in der gegebenen kurzen Zeitfrist, wie namentlich nach Traumen, und bei einem so erheblichen Abstande vom Eiterherde, endlich aber bei der Zwischenlagerung so ausgedehnter und vollkommen intacter Gewebspartien eintreten könnte.

Aber auch in den Fällen, wo in der Mitte der Cornea — im Parenchyme oder in der Conjunctival-Schichte derselben — eine wenig umfangreiche Eiterung sich bildet, und wo im gefässhaltigen Gewebe der Umgebung der Cornea eine starke Gefässinjection sowie die übrigen Entzündungserscheinungen ausgeprägt sind, lässt sich das Einwandern der weissen Blutzellen aus diesem Gebiete in den Eiterungsherd nicht nachweisen.

Zuerst müssten die weissen Blutkörperchen, aus den Gefässen austretend, sich in der Umgebung derselben, also in den die Cornea umgebenden Gewebsparthien anhäufen. Eine solche Ansammlung von Eiterkörperchen ist daselbst in der weitaus überwiegenden Zahl der Fälle absolut nicht zu erkennen.

Weiters müssten die Eiterkörperchen von ihrem ursprünglichen Standorte aus durch eine unterschiedlich breite Zone der Cornea, welche vollkommen durchsichtig ist und nicht die geringsten Gewebsveränderungen zeigt, bis in den Eiterherd wandern.

Wer leitet nun die Eiterkörperchen durch die intacte Corneaparthie hindurch zum Eiterherde?

Würden sie sich blos in dem Maasse, als sie sich in der Umgebung der Gefässe anhäufen, und, vorgeschoben durch neu austretende Eiterkörperchen, vor Allem in der Flächenausdehnung des Gewebes ausbreiten: so müssten sie von ihrem ursprünglichen Standorte aus nicht nur in der Richtung zum Centrum der Cornea, sowie entgegengesetzt in die von der Cornea weiter abliegenden Gewebspartien weiterrücken, sondern sie müssten auch viel leichter, schneller und massenhafter im lockern Conjunctival- und Episcleroticalgewebe, als in das dichtere und unter einem höheren Drucke stehende Corneagewebe weiter wandern.

Von einem solchen Anhäufen und Weiterwandern der Eiterkörperchen im peripheren Conjunctival- und Episcleroticalgewebe ist in den betreffenden Fällen nichts zu sehen.

Oder soll man den Eiterkörperchen die Befähigung zuerkennen, sich nach eigenem Ermessen nach jeder Richtung fortbewegen zu können, und sonach in den gegebenen Fällen proprio motu nach der Cornea und speciell nach der Stelle des Eiterherdes zu wandern, sowie bei dem Vorhandensein mehrerer Eiterherde sich zu entscheiden, welchem sie sich zuwenden wollen?

Die häufig gebrauchte Erklärungsweise: „Locus minoris resistentiae" könnte eine scheinbare Berechtigung nur in jenen Fällen haben, wo im Bereiche eines Eiterherdes eine freie Secretionsfläche vorhanden wäre, also bei Corneageschwüren. In jenen Fällen dagegen, wo der Eiter im Parenchyme der Cornea auftritt, steht der Eiterherd nicht nur unter demselben, sondern meistens unter einem höheren Gewebsdrucke, als die übrigen gesunden Corneaparthien. Die obige Erklärungsweise ist daher in diesen Fällen nicht in Anwendung zu bringen.

Die supponirte Wanderung der Eiterzellen ist jedoch sehr leicht zu erklären, wenn man nach Virchow's Ansicht den Lebensherd in die Zelle verlegt.

Wo sich der Eiterherd bilden soll, würden die Gewebselemente in Folge ihrer grösseren Thätigkeit: „zunächst ihren Nachbarelementen einen Theil der Ernährungssäfte entziehen, diese würden wiederum auf die weiter zurückgelegenen angewiesen, und so endlich die am Ufer der Capillargefässe gelegenen Elemente sich aus dem Blute versorgen.[1])

---

[1]) Handbuch der speciellen Pathologie und Therapie von R. Virchow. J. Vogel und Stiebel, Erlangen 1854, 1. B., pag. 63.

In dieser Weise würde der Eiterungsherd in der Cornea nicht nur die flüssigen Blutbestandtheile, sondern auch die ausgetretenen weissen Blutkörperchen aus dem die Cornea umgebenden Gefässgebiete an sich ziehen können.

So sicher der Bezug des Eiterherdes an flüssigem Ernährungs- materiale in dieser Art erfolgt, so unerwiesen ist es, ob er auch seine Eiterkörperchen auf dem gleichen Wege, also aus den Gefässen bezieht.

Wäre nämlich diese letztere oder eine der früheren Erklärun- gen der supponirten Wanderung der Eiterzellen richtig, so müsste man die Eiterzellen durch die durchsichtige und übrigens intacte periphere Corneapartie hindurch beobachten können — was eben nicht der Fall ist.

Wohl sieht man bei Hornhautentzündungen sehr häufig die Infiltration des Gewebes mit blos flüssigen Blutbestandtheilen, anderseits gleichzeitig das Auftreten von Eiterkörperchen, in selte- neren Fällen auch die Infiltration mit rothen Blutzellen, und somit im Allgemeinen die Trübung vom Hornhautrande gegen das Horn- hautcentrum vorschreiten; in jenen Fällen von Hornhautentzündung dagegen, welche hier in Erörterung stehen, entwickelt sich die Trü- bung, mehr weniger scharf begrenzt, in geringerem oder grösserem Abstande vom Hornhautrande.

Diese Entzündungsbezirke sind daher von dem Gefässgebiete stets durch eine intacte Corneapartie getrennt, und enthalten in der ersteren Zeit keine Eiterkörperchen; treten diese später daselbst auf, so trifft man unter ihnen keine oder nur einzelne wenige rothe Blutkörperchen insolange die Randparthien der Cornea intact bleiben.

Würden die Eiterzellen aus den Gefässen stammen, so müssten mindestens in der grösseren Zahl der Fälle eine nicht unbeträcht- liche Quantität rother Blutkörperchen unter ihnen auffindlich sein.

Ebenso wie in der Cornea sieht man wiederholt die Entwicke- lung von vollkommen abgegrenzten Entzündungsherden, selbst mit Eiterbildung, in den mittleren Partien des Glaskörpers bei voll- kommen intacter Glashaut. Aus welchen Gefässen kommen hier die Eiterkörperchen? und warum sieht man sie auch hier nicht durch die den Eiterherd umschliessende, durchsichtige Glaskörper- parthie hindurchwandern?

Bei atrophischem gefässhaltigem Gewebe, wie z. B. in der Netzhaut, oder bei atrophischen gefässlosen Geweben sieht man ebenfalls unter Entzündungserscheinungen eine mehr weniger mächtige, mehr local beschränkte oder verbreitete Infiltration oder Anhäufung von Eiterzellen sich bilden.

Wie können hier die weissen Blutkörperchen aus den atrophischen und daher stark contrahirten und in ihren Wandungen verdichteten Gefässen austreten und im verdichtetem Gewebe weiterwandern?

Man beobachtet wiederholt bei Descemetitis eine mehr oder weniger mächtige Trübung, Auflagerung, sowie die Entwickelung abgerundeter oder mehr konisch geformter Knötchen auf der Innenfläche der descemetischen Haut, welche auch eine Quelle des Entstehens von Hypopyom abgeben.

Ich habe solche Trübungen und Knötchen zum Behufe der Untersuchung wiederholt bei Lebenden nach peripherer Eröffnung der vorderen Kammer von der descemetischen Haut abgenommen.

Dieselben waren, wie Prof. Stricker schon vor 10 Jahren nachgewiesen, aus einer Wucherung der Epithelialzellen der descemetischen Haut hervorgegangen.

Bei Linsenentzündungen sieht man in der vorderen Hemisphäre mehr oder weniger mächtige Trübungen sich entwickeln, welche zum Theile die Folge unterschiedlich massenhafter Zellenproliferation sind, und welche sich nach kürzerer oder längerer Zeit unter dem Schwinden der übrigen Entzündungserscheinungen im Auge zurückbilden.

Hat man in diesen letzteren Fällen n i c h t das Recht, von einer Entzündung, von einer entzündlichen Trübung etc. zu sprechen, weil hier keine weissen Blutkörperchen vorhanden sind?

Dass die Eiterkörperchen nicht blos weisse Blutkörperchen seien, ergibt sich schon allein bei profusen und andauernden Eiterungen überhaupt, indem die Masse der Eiterkörperchen daselbst in gar keinem Verhältnisse steht zur Quantität der im normalen Blute vorkommenden weissen Blutkörperchen. Sollten in solchen Fällen alle Eiterkörperchen aus dem Blute stammen, so müssten weisse Blutkörperchen auf eine bisher noch unbekannte Weise in so ungeheuren Quantitäten gebildet werden, dass im Blute die eminenteste Leukaemie stets sich ausprägen würde.

Bei massenhaften und andauernden Eiterungen aber findet man, wie bekannt, wohl Hydraemie und Mangel an Blutkörperchen, nicht aber eine absolute Leukaemie als ein charakteristisches Symptom.

Bei der Differenz der Ansichten ist es daher von grösster Wichtigkeit, dass Prof. Stricker in neuerer Zeit [1]) die Entwickelung von Eiterkörperchen in der Hornhaut beobachtet und hiedurch nachgewiesen hat, dass es ausser dem Blute noch andere Quellen für den Eiter gebe.

Forscht man nun endlich nach Würdigung der einzelnen Entzündungserscheinungen, nach dem Wesen der Entzündung, so ist es unleugbar, dass dasselbe nur in dem bestehen könne, was allen entzündlichen Vorgängen gemeinsam ist.

Nur jene Erklärungsweise, jene Thatsache kann in dieser Beziehung als hinlänglich begründet erscheinen, welche nicht nur alle Einzelerscheinungen und das durch deren Vereinigung entstehende Bild der Entzündung, sondern welche dieselben auch unter allen vorkommenden Verhältnissen zu erklären vermag.

Ueberblickt man nach dem bisher Erwähnten alle Entzündungssymptome und Bilder, in welchen die Entzündung sich charakterisirt, so wird man nicht ein pathognomonisches Symptom, nicht gleiche Bilder finden.

Jedes einzelne Symptom für sich fehlt, mit wenigen Ausnahmen, häufig bei Entzündungen; jedes einzelne Symptom tritt auch bei nicht-entzündlichen Vorgängen hervor, und die Bilder der Entzündung zeigen unter sich die grössten Verschiedenheiten, ja in jedem einzelnen Falle einen mehr oder weniger ausgesprochenen individuellen Charakter.

Nicht ein einzelnes noch so hervorstechendes Symptom, nicht ein einzelnes noch so deutlich ausgeprägtes Bild der Entzündung kann daher als ein allgemein giltiges und maassgebendes für die Entzündung, als ein bezeichnendes für das Wesen der Entzündung angesehen werden.

Welches ist nun das gemeinsame Moment, welches in allen Entzündungssymptomen hervortritt — worin besteht der gemeinsame Ausdruck, der sich in allen noch so sehr von einander abweichenden Bildern der Entzündung ausspricht?

---

[1]) Siehe Untersuchungen über den Eiterungsprocess von S. Stricker, med. Jahrbücher 1874, III. Heft.

Es ist der beschleunigte und vermehrte Stoffwechsel und dessen Ausdruck.

Schon vor mehr als 20 Jahren sprach Virchow[1]) aus: dass die
Schnelligkeit und Massenhaftigkeit der an dem Gewebe selbst geschehenden Stoffumsetzungen die entzündlichen Processe auszeichne.

Ich gehe einen Schritt weiter und behaupte: das Wesen
der Entzündung bestehe allein in einem beschleunigten und vermehrten Stoffwechsel u. z. einem solch'
hochgradigen, welcher mit dem ungestörten (unveränderten) Fortbestande der gegebenen Ernährungsverhältnisse unverträglich ist.

Diese Beschleunigung und Vermehrung des Stoffwechsels kann
somit unter physiologischen wie pathologischen Ernährungsverhältnissen eintreten, d. h. im gesunden oder im
kranken Gewebe — in welch' Letzterem schon eine bestimmte Art
von Ernährungsstörung gegeben ist.

Dieselbe ist an und für sich keine Ernährungsstörung, aber
sie führt eine solche herbei.

Welche Art der Ernährungsstörung sich sofort entwickelt,
hängt von den zur Zeit gegebenen speciellen Verhältnissen (Möglichkeiten) ab. Es kann sich eine seröse, eine schleimige, eine fibrinöse
Exsudation etc., es kann sich eine Neubildung sowie eine Degeneration u. s. w. — überhaupt jede Art der Ernährungsstörung der
progressiven wie regressiven Metamorphose hervorbilden.

Das Wesen der Reizung besteht ebenfalls in einem beschleunigten und vermehrten Stoffwechsel, aber
einem solchen, welcher den Fortbestand der gegebenen Ernährungsverhältnisse nicht stört.

Durch den beschleunigten und vermehrten Stoffwechsel wird
bei der Reizung der Lebensvorgang, sei er ein physiologischer oder pathologischer, einfach erhöht; bei der Entzündung
dagegen werden stets neue Störungen, wird eine Krankheit
erzeugt.

Bei der Reizung wie bei der Entzündung ist sonach eine Beschleunigung sowohl als eine Vermehrung des Stoffwechsels, eine
Erhöhung des Lebensvorganges gegeben, der sich jedoch in beiden

---

*) Siehe: Handbuch der speciellen Pathologie und Therapie von
R. Virchow, J. Vogel und Stiebel, Erlangen 1854, pag. 72.

Fällen dadurch von einander unterscheidet, dass demselben bei der
Entzündung der Charakter der Gefahr anhaftet.

Wie überhaupt in der Welt jede Erscheinung. jedes Leben
durch die Bewegung veranlasst und erhalten wird — wie die sich
vermehrende Bewegung den Ton, dann die Wärme und endlich das
Licht erzeugt — so rufen im thierischen Körper die geringere oder
grössere Raschheit und Massenhaftigkeit im Stoffwechsel Verschiedenheiten im Lebensvorgange hervor, insbesondere tritt im thierischen Körper, wenn das ihm zukommende Maass von Beschleunigung und Massenhaftigkeit des Stoffwechsels in einem bestimmten
Grade überschritten wird, Reizung, und bei einem noch höheren
Grade der Ueberschreitung Entzündung auf.

Man wird daher auch stets vergebens im Kadaver nach der
Reizung und Entzündung forschen. Man wird in der Leiche alle
jene materiellen Veränderungen, welche sich unter dem Bestehen
von Reizung und Entzündung entwickelten, auffinden, und da
jede Art von Ernährungsstörung unter denselben auftreten und
verlaufen kann (ein parenchymatöses Leiden wie eine Secretious-
anomalie)[1]), überhaupt jede pathologische Veränderung nachzuweisen im Stande sein — aber man wird weder die Reizung noch
die Entzündung selbst finden, da die Bewegung mit dem
Eintritte des Todes aufgehört hat.

Die Entzündung darf nicht mit der jeweilig gegebenen Ernährungsstörung identificirt werden. Nicht die Entzündung ist eine
catarrhalische, eine scrophulöse. syphilitische, Brighti'sche u. s. w.,
sondern der Catarrh, das scrophulöse, syphilitische, Brighti'sche
Leiden verläuft zeitweise oder stetig als ein entzündliches, d. i.
unter einem bestimmten Grade von Beschleunigung und Mächtigkeit
des Stoffwechsels.

Reizung und Entzündung sind aber auch weniger blosse Erscheinungsformen der verschiedenen Arten von Ernährungsstörungen, denn sie charakterisiren nicht blos das äussere, das for-
melle Verhalten derselben; sondern sie bestehen vielmehr in der
verschiedenen Weise, in welcher die verschiedenen Arten von
Ernährungsstörungen sich entwickeln und verlaufen, und sind somit
verschiedene Auftretensweisen der einzelnen Ernährungsstörungen.

_____

[1]) Parenchymatöse und exsudative Entzündung, Virchow.
Siehe dessen Cellularpathologie 1871, p. 480.

Die Entzündung ist immer eine und dieselbe, und nur verschieden ihrer Intensität (asthenische, sthenische, hypersthenische), sowie der Dauer nach (acute oder chronische).

Die sthenischen und hypersthenischen Entzündungen kommen meistens bei günstigen Verhältnissen für den Stoffwechsel, daher überwiegend bei kräftigeren Individuen, die asthenischen Entzündungen dagegen vorzugsweise in geschwächten Theilen und Körpern vor. [1]

Da ferner die Entzündung der Wesenheit nach im Gewebe verläuft und das Materiale nur in endlicher Linie aus den Gefässen bezieht, vor Allem aber das im Entzündungsgebiete und in den benachbarten Gewebstheilen vorhandene Ernährungsmateriale verwendet — so kann sie sich auch in einer gewissen localen Beschränkung, in einer gewissen Intensität und Dauer, ohne sehr erhebliche Betheiligung der entfernter gelegenen Gefässe entwickeln; sie kann sich in gefässlosen Geweben oder in solchen Geweben entwickeln, in welchen der Werth des Gefäss-Systemes wesentlich gesunken ist — wie bei atrophischen Geweben, oder auch in solchen, wo die Gefässe wenig oder gar kein Blut führen — wie in den ischaemischen Gebieten.

───────

[1] Siehe Virchow, Spec. Pathologie u. Therap. 1. p. 80, und Cellularpathologie 1871, p. 396.

Färbungen des Sehnervenkopfes.

Ein weiteres für den Augenarzt, vor Allem aber für den Mediciner interessantes und wichtiges Beobachtungsfeld erschliesst sich im intraoculaeren Sehnervenende, auch Sehnervenkopf genannt.

Die Sehnervenfasern treten, wie bekannt, durch die Lücken der Lamonia cribrosa in den Chorioidealcanal ein, und bilden daselbst, bis zur hinteren Netzhautfläche aufsteigend, einen rundlichen, kurzen, compacten Strang von gleicher Tiefendimension wie der Dickendurchmesser der Chorioidea — den Chorioidealtheil des Sehnervenstranges.

Von der hinteren Netzhautfläche an streben die Sehnervenfasern in ihrer ursprünglichen Richtung, oder aber auseinander weichend, mehr weniger bis zur inneren Netzhautfläche empor, und treten sodann in einem rechten oder stumpfen Winkel, meistens aber bogenförmig sich umbeugend, in die vordere Netzhautschichte ein.

Dieser zwischen der vorderen und hinteren Netzhautfläche gelegene Endtheil des Sehnerven ist der Sehnervenscheitel oder der Netzhautantheil des Sehnervenstranges.

Vom Sehnervenscheitel an beginnt die Opticus-Ausbreitung.

Die Grenzlinie zwischen Sehnervenscheitel und Opticus-Ausbreitung entspricht im Allgemeinen der äusseren Contour des Bindegewebsringes oder der Chorioidealpigment-Grenze.

Der Sehnervenscheitel liegt im Ernährungsgebiete der Centralgefässe, der Chorioidealantheil des Sehnerven im Ernährungsgebiete der Chorioidealgefässe, und der im Scleroticalcanal eingeschlossene die Lamina cribrosa durchdringende Theil des Sehnerven im Ernährungsgebiete des Scleroticalgefässkranzes.

Es dringen wohl noch einzelne mit dem Augenspiegel erkennbare zarte Chorioidealgefässe, insbesondere aber Scleroticalgefässe, dem Zuge der Opticusfasern folgend, bis in den Sehnervenscheitel

und in die Netzhaut ein, auch lassen sich die zartesten Gefässverzweigungen und Capillargefässe ihrer Lage nach in den verschiedenen Ernährungsgebieten anatomisch nicht mit Sicherheit von
einander trennen; verfolgt man jedoch während des Lebens die verschiedenen, insbesondere die unter Reizung und Entzündung im
Auge und seiner nächsten Umgebung verlaufenden Ernährungsstörungen, so prägt sich doch ziemlich constant eine Trennung der
Ernährungsgebiete im Sehnerven, vor Allem zwischen Netzhaut- und
Chorioideal-Antheil, sowie — wenn auch weniger deutlich — zwischen
Chorioideal- und Sclerotical-Antheil aus.

Betrachtet man das intraoculaere Sehnervenende (den Sehnervenkopf) eines physiologischen Auges mittelst des lichtschwachen
(Helmholtz'schen) Spiegels im aufrechten Bilde, so erscheint dasselbe
in seinem Querschnitte als eine mehr oder weniger rundliche, im
Allgemeinen weissgelbliche, stark lichtreflectirende S c h e i b e.

Der Sehnervenstrang zwischen der inneren Netzhautfläche und
der Innenfläche der Lamina cribrosa zeigt einen hohen Grad von
Durchsichtigkeit; man erkennt mehr oder weniger deutlich an einer
äusserst zarten, glasartigen, radiären Streifung und an einer schwa-
chen Spiegelung die Vorderfläche des Sehnervenscheitels, und kann
sonach den Abstand dieser Fläche von der Lamina cribrosa, d. i.
die Tiefe (Höhe) des durchsichtigen Theiles des Sehnervenkopfes
leicht ermessen. [1]

In dem tieferen Theile des intraoculaeren Sehnerven (im Bereiche der Sehnervenscheibe) unterscheidet man in der grösseren
Zahl der Fälle deutlich den eigentlichen S e h n e r v e n s t r a n g und
den ihn umgebenden B i n d e g e w e b s r i n g [2] (Scleroticalgrenze),
d. i. das im Chorioidealcanale gelegene Ende des inneren Blattes
der Sehnervenscheide und das nicht pigmentirte Gewebe der Chorioidea und Sclerotica.

Der Bindegewebsring erscheint stets am deutlichsten ausgeprägt
und auch etwas breiter am äusseren Sehnervenumfange, d. i. gegen
die Macula lutea zu; er zeigt eine weissliche Farbe und eine äus-

---

[1] Der Sehnervenkopf umfasst den Netzhaut-Chorioideal- und Scleroti-
calantheil des Sehnerven, und zerfällt somit in einen durchsichtigen i n t r a -
o c u l a e r e n (Netzhaut- und Chorioideal-) und einen undurchsichtigen, den
S c l e r o t i c a l - A n t h e i l.

[2] Siehe m. ophth. Handatlas Fig. 25, 26, 27, 28; u. m. B. z. P. d. A.
1. Aufl. Taf. XXII. 2. Aufl. Taf. I, II.

serst zarte, unregelmässige Streifung, sowie häufig einen schwach-seidenartigen Glanz; seine innere Contour, gegen den Sehnerven-strang zu, ist gewöhnlich sehr zart, seine äussere Contour dagegen viel kräftiger ausgeprägt, und noch überdies durch den Beginn der Chorioidealpigment-Lager, besonders aber durch die bekannten seg-mentartigen oder ringförmigen braunrothen Pigmentanhäufungen markirt.

Der Sehnervenstrang erscheint, bei der Einstellung des unter-suchenden Auges für die vordere Netzhautfläche, in einer grossen Zahl von Fällen im Bereiche der Entwickelungsstellen der Central-gefässe (im Pylorus nervi optici), also von seinem Centrum aus etwas nach Innen, d. i. der Nasenseite zu, sowie in seinen centralen Partien weissgelblich und stark lichtreflectirend; in seinen periphe-ren Theilen dagegen etwas weniger hell erleuchtet und matt weiss-gelblich mit oder ohne Beimischung einer unterschiedlich schwach graulichen Färbung. [1])

Diese Farbentöne sind ihrer Intensität nach verschieden, sie sind häufig mehr gleichmässig verbreitet, diffus, in anderen Fällen mehr weniger fleckig.

Es prägt sich in dieser ungleichen Färbung mehr oder weniger deutlich die Structur der Lamina cribrosa aus, ja es treten in ein-zelnen Fällen schon bei dieser Einstellung des Auges für die Netz-hautoberfläche die Lücken der Lamina cribrosa in graulicher oder grau-bläulicher Farbe, besonders in den mehr centralen Partien des Sehnerven sehr bestimmt hervor.

Stellt man nun in solchen Fällen das untersuchende Auge für die Innenfläche der Lamina cribrosa ein, so verschwindet in einigen dieser Fälle die periphere, mehr diffuse, grauweissgelbliche Färbung, und es treten in unterschiedlichem Grade die Structurverhältnisse der Lamina cribrosa hervor.

Man erkennt sodann mehr weniger bestimmt, in geringerer oder grösserer Ausdehnung, ja selbst im ganzen Bereiche des Seh-nervenstranges, die rundlichen, ovalen oder mehr unregelmässigen Lücken der Lamina cribrosa, durch welche die Sehnervenbündel hindurchtreten, u. z. in unterschiedlich intensiver graulicher oder

---

[1]) Die hier angegebenen Farbenbestimmungen haben nur Geltung bei der Benützung der Helmholtz'schen Plangläser, und einer Oellampe mit Cy-linderdocht. Wird zur Beleuchtung eine Gasflamme oder das Tageslicht u. s. w. verwendet, so ist die Farbenscala eine wesentlich andere.

grau-bläulicher Färbung; anderseits sieht man zwischen diesen Lücken und übergehend in den Bindegewebsring, die Faserzüge der Lamina cribrosa selbst als ein weissliches, bandartiges Netzwerk.

In anderen Fällen, besonders bei geringerer Durchsichtigkeit des intraoculaeren Sehnervenstranges, kann man trotz der Einstellung des Auges für die Lamina cribrosa deren Structur nicht deutlich erkennen; das Ansehen des Sehnerven bleibt nahezu dasselbe, wie bei der früher angegebenen Einstellung des eigenen Auges für die Netzhautinnenfläche.

Diesen bisher erwähnten Fällen gegenüber beobachtet man sehr häufig eine deutlich ausgesprochene, periphere, hell graubläuliche Färbung des Sehnervenstranges.

Diese Färbung ist durchschnittlich am mächtigsten im äusseren Segmente des Sehnerven (der macula lutea zu) ausgeprägt, vermindert sich allmählig nach oben und unten, und ist nur selten im inneren Segmente sehr deutlich ausgesprochen.

Sie nimmt stets von den mittleren Theilen des Sehnervenstranges gegen seinen Rand allmählig, oft aber auch sehr rasch an Intensität zu, und ist daher unmittelbar an seiner Grenze gegen den Bindegewebsring am bestimmtesten ausgesprochen. Hiedurch tritt nicht nur der Unterschied zwischen Sehnervenstrang und Bindegewebsring auffallend stark hervor, sondern erscheint auch der Sehnervenstrang äusserst scharf und gleichmässig, wie durch eine feine dunkle Linie begrenzt.

Diese graubläuliche Färbung ist stets eine gleichmässige (nicht fleckige oder streifige), und zeigt die verschiedensten Intensitätsgrade. Der Sehnerv behält jedoch hiebei einen hohen Grad von Diaphanität und Erleuchtungsintensität.

Die Breite der Färbung beträgt in der Mitte des äusseren Segmentes, vom Rande des Sehnerven nach einwärts $\frac{1}{6}$, $\frac{1}{5}$, selten $\frac{1}{4}$ des Sehnervenquerdurchmessers, und nimmt nach oben und unten hin allmählig ab.

Nur in sehr seltenen Fällen ist der grössere Theil des Sehnervenstranges oder derselbe in seiner ganzen Ausdehnung in dieser Art gefärbt.

Diese Färbung bleibt unverändert, ob man das eigene Auge für die Oberfläche oder für die tieferen Schichten des Sehnerven einstellt.

Die übrigen Theile des Sehnervenkopfes bewahren hiebei den früher angegebenen Ausdruck; in einzelnen Fällen sieht man selbst durch die graubläuliche Färbung hindurch mehr weniger deutlich die Fleckung der Lamina cribrosa.

Die eigenthümliche Farbe des Sehnervenstranges erscheint somit im Allgemeinen entweder mehr weissgelblich, grauweissgelblich oder graubläulich, und es lassen sich diesem zu Folge die Menschen in weissgelb- oder grauweissgelb- (blass-) nervige und grau-blau- (dunkel-) nervige trennen.

Dieser Unterschied in der Färbung tritt nicht blos unter Anwendung des Augenspiegels hervor, sondern ist auch in Cadaveraugen an Sehnervenquerschnitten, besonders im durchfallenden Lichte zu erkennen.

Hiebei ergibt es sich, dass die graue oder graubläuliche Färbung nicht durch Pigmentirung, sondern durch die Art der Strahlenbrechung veranlasst ist.

Die dunkel- (graublau-) sehnervigen Menschen zeigen häufig eine geistig und gemüthlich grössere Erregbarkeit und Beweglichkeit, sie sind zum Theile — wie man es nennt — nervös; die blass- (weissgelb- oder grauweissgelb-) sehnervigen Menschen dagegen erscheinen vielfach in geistiger und gemüthlicher Beziehung ruhiger, widerstandsfähiger, ausdauernder.

Dieser Unterschied in der Sehnervenfärbung ist grösstentheils ein angeborener, und oft schon im kindlichen Alter in auffallender Weise ausgeprägt; er tritt aber auch wohl erst in späteren Lebensperioden deutlicher hervor.

Durch denselben scheiden sich nicht selten die einzelnen Glieder einer Familie in charakteristischer Weise.

Die blasse oder dunkle Färbung ist aber auch häufig ein gemeinsames Zeichen ganzer Familien.

Die dunkle Färbung scheint sich aber auch oft in Folge der Lebens- und Beschäftigungsweise, insbesondere durch anstrengende geistige Arbeiten, durch geistige und gemüthliche Aufregungen, sexuelle Anstrengungen etc. hervorzubilden.

Im höheren Alter verschwindet häufig wieder dieser Farbunterschied unter der Entwickelung seniler Veränderungen in den einzelnen Gebilden des Auges.

Ausser den bisher erwähnten Färbungen im Sehnervenkopfe findet man meistens im gesunden Auge eine zarte Röthung des Sehnervenscheitels ausgeprägt.

Diese Scheitelröthung tritt, wie schon bei der Netzhautreizung angegeben wurde, im emmetropischen, schwach myopischen, wie schwach hypermetropischen Auge, vor Allem im oberen und unteren Randtheile, seltener und schwächer im inneren Randtheile der Sehnerven auf, und verbreitet sich von hier aus unterschiedlich weit in die vorderen Netzhautschichten.

Sie ist stets eine äusserst zartstreifige entsprechend dem radiären Auseinanderweichen und weiteren Verlaufe der Opticusfasern, und macht die innere und äussere Contour des Bindegewebsringes, ja denselben überhaupt, im oberen und unteren, weniger im inneren Segmente, in geringerem oder höherem Grade undeutlich.

Die Farbe dieser physiologischen Röthe ist gleich der Reizungsund Entzündungsröthe eine mehr kirschrothe, und ihrer Intensität nach eine sehr verschiedene; von kaum mit Sicherheit erfassbaren Andeutungen an erhebt sie sich zu einer Mächtigkeit, die sich unmittelbar an die Reizungsröthe anschliesst und in dieselbe übergeht.

Sie steht durchschnittlich im Verhältnisse zur functionellen Thätigkeit der Netzhaut, und mangelt wiederholt mehr oder weniger vollständig bei Augen, welche nur unter den günstigsten Verhältnissen functioniren, insbesondere nicht zum Wahrnehmen kleiner Objecte verwendet werden; durch dieselbe lässt sich daher, wie schon früher erwähnt, nicht selten die Art und Weise der Beschäftigung der betreffenden Individuen charakterisiren.

Bei hochgradiger Myopie durch angebornes Staphyloma posticum, besonders wenn ein mächtiger Conus vorhanden ist, tritt diese Scheitelröthung gemeiniglich sehr schwach und unbestimmt, vor Allem sehr peripherisch, im äussersten Sehnervenrande auf, verbreitet sich aber verhältnissmässig weiter in der Netzhautfläche.

In solchen Augen beobachtet man dagegen häufig eine andere, in der tiefst-wahrnehmbaren Schichte des intraocularen Sehnerven haftende Röthung die Scleroticalröthe.

Dieselbe beschränkt sich auf den eigentlichen Sehnervenstrang und das ihn durchsetzende Gewebe der Lamina cribrosa, und lässt den Bindegewebsring intact.

Letzterer tritt daher, mehr oder weniger deutlich, im Umfange des rothen Sehnervenstranges als weisslicher, verschieden breiter, bandartiger Streifen hervor, und scheidet den Sehnerven von dem übrigen gelbrothen Grunde.

Diese Scleroticalröthe des Sehnerven erscheint ebenfalls mehr kirschroth, und erweist sich als eine mehr gleichmässige oder auch fleckige entsprechend den Lücken der Lamina cribrosa. Sie tritt im ganzen Sehnerven innerhalb des Bindegewebsringes verbreitet, oder nur an einzelnen Stellen, besonders in den mittleren Sehnerven-Partien unterschiedlich mächtig auf, wird aber auch ihrer Intensität nach in Folge von Contrastwirkung gegenüber dem weisslichen Bindegewebsringe und dem weisslichen, stark Licht reflectirenden Conus leicht überschätzt.

Sie dürfte bei der in solchen Fällen gegebenen Verflachung des intraoculaeren Sehnervenendes durch die oberflächlichere Lage des Scleroticalgefässgebietes, sowie bei der geringeren Tiefe des Scleroticalcanales durch ein dichteres Zusammengedrängtsein der Gefässe, welche der Scleroticalcanal enthält, veranlasst sein.

Bei stark hypermetropischen Augen tritt die Scheitelröthung häufig in solcher Intensität und Ausdehnung auf, dass sie an und für sich nur sehr schwer, ja selbst gar nicht von der Reizungs- und Entzündungsröthe zu unterscheiden, und nur durch den Mangel aller anderen die Letztere charakterisirenden Erscheinungen zu er-kennen ist.

Diese Scheitelröthe hält meistens gleichen Schritt mit den Höhegraden der Hypermetropie, und ist auch zum Theile aus der geringeren Bildgrösse, unter welchem der Augengrund im aufrechten Bilde erscheint, zu erklären.

Die übrigen sie veranlassenden Momente sind bisher noch nicht erkannt.

Auf eine andere, in seltenen Fällen im gesunden jedoch nicht functionirenden Auge vorkommende Röthung im Sehnervenscheitel und der Netzhaut, welche ebenfalls eine grosse Aehnlichkeit mit der Reizungsröthe zeigt, habe ich schon früher in dem Capitel über Netzhautreizung hingewiesen. —

Die auffallenden Bildungsanomalien im Sehnervenkopfe, welche bei den angebornen Sehnervenexcavationen, der Opticus- (Zwei-) Theilung, der undurchsichtigen Opticusausbreitung, bei angebornem Staphyloma posticum und wiederholt auch bei Coloboma Chorioideae und Retinae [1]) vorkommen, sind hinlänglich bekannt.

---

[1]) Siehe: meinen ophthalmoscopischen Handatlas. Fig. 33, 34, 35, 36, 38, 41, 42, 43, 44, 87, 88, 111, 114; meine Beiträge zur Pathologie des Auges. 1. Aufl Taf. XXIII, XIII, XXIV, XXV, XXVII, XXVIII, XXIX, XXX, XXXI, LVII, LVIII, LXIX; 2. Aufl. Taf. III, IV, V, VII, VIII, IX, X, XI, XLV, XLVI, LXIII.

Ich erlaube mir daher, nur noch auf einige, nicht so häufig vorkommende und weniger mächtig hervortretende Bildungsanomalien hinzuweisen.

So prägt sich in einzelnen Fällen eine geringere oder grössere Undurchsichtigkeit des Gewebes im Sehnervenkopfe entweder seiner ganzen Ausdehnung nach oder nur in einem Theile desselben, ja blos auf einzelne ganz kleine Stellen beschränkt, aus, welche durch das Auftreten weisslicher oder graulicher, matter, gleichmässiger oder wolkenartig abgegrenzter oder selbst geschichteter Trübungen, oder durch stark lichtreflectirende, glänzende Plaques, Streifen, Knoten oder feinste Körnchen veranlasst wird.

Derartige Gewebsveränderungen sind stets ohne functionelle Störung gegeben.

In anderen Fällen erscheinen die Opticusfasern ihrer Lagerung nach unregelmässig, wellenförmig, lückenhaft, sich kreuzend oder vollkommen unter sich verworfen.

Bestehen derartige Bildungsanomalien auch in der Flächenausdehnung der Netzhaut, besonders nach aussen gegen die Macula lutea zu, so ist meistens auch eine Vergrösserung des kleinst-wahrnehmbaren Bildes, ein Undeutlichsehen geringeren oder höheren Grades vorhanden.

Wiederholt erweist sich das intraoculaere Sehnervenende seiner Form und Begrenzungsart nach im Ganzen mehr oder weniger unregelmässig.

Ist dasselbe beträchtlich nach oben und unten in die Länge gezogen, stark oval geformt, erscheint insbesondere der Sehnervenquerschnitt in seinem äusseren Segmente stark abgeflacht wobei seine der Macula lutea zugewendete Contour mehr geradlinig oder unregelmässig sich erweist — oder zeigt sich der Sehnervenkopf überhaupt in seiner Begrenzung auffallend undeutlich, verwaschen und dabei flach und von blasser, matter Färbung, so ist meistens eine unterschiedliche Störung in der Sehfunction nachzuweisen.

Zu den Bildungsanomalien gehört endlich die bläuliche Sehnervenstreifung [1])

Dieselbe tritt selten im ganzen Sehnervenquerschnitte verbreitet, häufiger nur in einzelnen kleineren oder grösseren Partien, und

---

[1]) Siehe m. ophthal Handatlas Fig. 40 u. m. B. z. P. d. A. 1. Auflage Taf. XXVI, 2 Aufl., Taf. VI.

am häufigsten blos in einem von zwei Gefässen begrenzten Segmente desselben auf.

Sie breitet sich stets in peripherer Richtung vom Pylorus nervi optici bis nahe oder vollständig zur inneren Contour des Bindegewebsringes aus, überdeckt denselben jedoch nie.

Die Färbung derselben ist eine rein oder schmutzig blaue, von den zartesten Andeutungen an bis zum tiefen Franzblau, und sie erscheint stets am intensivsten in den centralen Partien des Sehnerven ausgeprägt, von wo aus sie sich sodann in peripherer Richtung allmählig vermindert.

Da nur die Sehnervenfasern gefärbt und in dieselben die Centralgefässe eingebettet sind, so erscheint die bläuliche Sehnervenstreifung meistens in einer mehr oder weniger regelmässigen oder unregelmässigen Keilform, wobei die Spitze des Keiles gegen den Pylorus nervi optici, die Basis gegen die Peripherie des Sehnerven, gegen den Bindegewebsring zu gerichtet ist.

Diese Keile zeigen mehr weniger deutlich eine der Opticusausbreitung entsprechende Streifung, die an der Spitze des Keiles am mächtigsten hervortritt und, auseinanderweichend, gegen die Basis desselben zarter und undeutlicher wird.

Die Begrenzung der bläulichen Keile ist an der Spitze und an den Seiten scharf ausgeprägt, an der Basis durch das ungleiche Aufhören der einzelnen blauen Streifen fein, aber ungleich gezähnt.

Auffallend deutlich treten in solchen Fällen bläulicher Sehnervenstreifung die Gefässwandungen der Centralgefässe im Bereiche des Sehnervenquerschnittes als helle, weissliche, breite, bandartige Streifen hervor, u. z. entweder nur auf der einen oder auf beiden Seiten der rothen Blutsäulen, je nachdem die Gefässe blos einen einzelnen bläulichen Theil einschliessen oder zwischen zwei solchen Keilen gelagert sind.

Mit dieser bläulichen Sehnervenstreifung ist niemals eine Functionsstörung seitens der Netzhaut verbunden.

———————

Bei verschiedenen krankhaften Vorgängen im Auge wie im übrigen Körper, insbesondere im Gehirne und Rückenmarke, treten im Bereiche des Sehnervenkopfes und mehr weniger in der Netzhaut selbst verbreitet, verschiedene pathologische Färbungen in unterschiedlicher Mächtigkeit hervor.

Unter diesen sind vor Allem die periphere bläuliche, die centrale grauliche, die weissliche und die verschiedenen röthlichen Ent- (Ver-) Färbungen hervorzuheben.

Die periphere bläuliche Sehnervenentfärbung[1]) hat eine grosse Aehnlichkeit mit der angeborenen graublauen Sehnervenfärbung, und ist von dieser selbst schwer, oft gar nicht zu unterscheiden.

Sie tritt, wie diese, ebenfalls vor Allem in der Randzone des Sehnervenstranges auf — wodurch letzterer scharf contourirt und in auffallender Weise von dem Bindegewebsringe abgegrenzt erscheint, und verliert sich von hier aus allmählig gegen die Sehnervenmitte.

Ihre grösste Intensität und Verbreitung zeigt sie stets im äusseren Segmente, woselbst sie von der inneren Bindegewebscontour gewöhnlich $\frac{1}{6}$ bis $\frac{1}{3}$ des Sehnervenquerdurchmessers weit gegen das Sehnervencentrum reicht.

In anderen weniger häufigen Fällen verbreitet diese Färbung sich über den grösseren Theil, ja selbst in der ganzen Ausdehnung des Sehnervenquerschnittes.

Sie charakterisirt sich in den deutlicher ausgesprochenen Fällen durch einen matten, unterschiedlich intensiven, bläulichen oder graubläulichen, selbst schieferthonartigen, rauchartigen Farbenton, welcher sich entweder mehr gleichmässig verbreitet (homogen) oder aber häufiger in ungleicher, wolkenartiger Verdichtung und Abgrenzung sich zeigt, und den Sehnerven in hohem Grade seiner Diaphanität und Beleuchtungsintensität beraubt.

Man beobachtet diese bläuliche periphere Sehnervenentfärbung vor Allem häufig bei habituellem Kopfschmerz, oft nach Typhus, bei verschiedenen chronisch verlaufenden entzündlichen sowie nicht entzündlichen Gehirn- und Rückenmarksleiden, bei functioneller Netzhautischaemie u. s. w. Sie besteht theils mit, theils ohne functioneller Störung. —

Die centrale grauliche Sehnervenentfärbung[2]) tritt am häufigsten in den mittleren Partien des Sehnervenquerschnittes hervor, von wo aus sie sich gegen das Centrum wie auch oft

---

[1]) Siehe m. ophth. Handatlas Fig. 45 und 46 u. m. B. z. P. d. A. 1. Aufl., Taf. XXXII; 2. Aufl., Taf. XII.

[2]) Siehe m. ophthal, Handatlas Fig. 48, 49, 50, 51. 75, 79. m. B. z. P. d A. 1. Auflage, Taf. XXXIII, XXXIV, XXXV, XXXVI, XLVIII, LI; 2. Auflage, Taf. XIII, XIV, XV, XVI, XXXV, XXXVIII.

gegen die Peripherie des Sehnervenquerschnittes mehr oder weniger vermindert, und sohin wiederholt eine mehr ringförmige Verbreitung zeigt.

In anderen Fällen entwickelt sie sich vor Allem intensiv im centralen Theile des Sehnervenquerschnittes, und nimmt bei geringerer oder grösserer Ausdehnung allmählich gegen die Peripherie ab. Sie kömmt aber auch nicht selten über den ganzen Sehnervenquerschnitt verbreitet vor, wobei der Rand des Sehnervenstranges entweder unterschiedlich deutlich hervortritt, oder auch unbestimmt, wie verwischt erscheint.

Da in den letzteren Fällen auch häufig der Bindegewebsring seine auffallend weissliche Färbung, insbesondere seine scharf gezeichnete äussere Contour einbüsst, so erweist sich der Sehnervenkopf in seiner äusseren Begrenzung überhaupt undeutlich, verschwommen.

Die Färbung des Sehnervenstranges ergibt sich bei dieser Entfärbung als eine lichter oder dunkler mattgraue, selbst grauweissliche, die in den meisten Fällen gleichmässig verbreitet (homogen), und nur in einzelnen Fällen leicht fleckig, punktirt erscheint.

Diese centrale grauliche Sehnervenentfärbung ist ein constantes Symptom der Sehnervenatrophie, tritt aber auch häufig bei verschiedenen Gehirn- und Rückenmarksleiden, sowie überhaupt bei sehr schweren, erschöpfenden chronischen Allgemeinleiden hervor, und ist theils mit, theils ohne functionelle Störung gegeben. —

Die weissliche Sehnervenentfärbung[1] charakterisirt sich durch eine grell weissliche Färbung des ganzen Sehnervenquerschnittes, wobei der Sehnervenkopf flach, abgeplattet, undurchsichtig, derb erscheint und auffallend viel Licht reflectirt.

Der Sehnervenstrang zeigt im Allgemeinen eine matte, kreidenartige, weisse Färbung; bei genauer Betrachtung bemerkt man jedoch, dass eine zarte, seidenartig-glänzende, weisse Streifung, die wieder aus äusserst feinen Fibrillen (Strichen) zu bestehen scheint, denselben in radiärer Richtung durchzieht. Diese Streifung geht in den ebenfalls seidenartig-glänzenden, weissen Bindegewebsring über, welcher, bedeutend schmäler als unter physiologischen Verhältnissen, den Sehnervenstrang allseitig umgibt und deutlich von der Umgebung abgrenzt.

---

[1] Siehe m. ophthalm. Handatlas Fig. 47.

Diese weissliche Sehnervenentfärbung tritt insbesondere bei der bindegewebsartigen Degeneration des Sehnerven hervor. —

Die pathologischen r ö t h l i c h e n Entfärbungen im intraoculären Sehnervenende zeigen unter sich mehr oder weniger eine erhebliche Verschiedenheit, je nachdem sie als Theilerscheinung von Reizungen und Entzündungen in den verschiedenen intraoculaeren oder aber in den zunächst gelegenen extraoculaeren Ernährungs- (Gefäss-) Gebieten auftreten.

In dieser Beziehung sind vor Allem drei Röthungen zu unterscheiden, die des Netzhaut-, des Chorioideal- und des Scleroticalgebietes.

D i e R e i z u n g s - u n d E n t z ü n d u n g s r ö t h e i m N e t z - h a u t g e b i e t e d e s S e h n e r v e n k o p f e s [1] trennt sich durchschnittlich sehr bestimmt von dem Chorioideal- und Scleroticalgebiete ab, und unterscheidet sich auch in charakteristischer Weise von der Reizungs- und Entzündungsröthe der letzt genannten zwei Gebiete.

Ihre Entwickelung und Verbreitung wurde in den Capiteln über Netzhautreizung und Entzündung ausführlich besprochen

Hier erlaube ich mir nur noch speciell Folgendes hervorzuheben:

a) dass die Netzhautröthung des Sehnerven im Bereiche des Sehnervenscheitels auftritt, und daher jene Theile der Centralgefässe und deren Verzweigungen umgibt, in der Farbe verändert und mehr weniger verschleiert, welche v o r der den Sehnerven durchsetzenden hinteren Netzhautfläche gelagert sind.

b) dass ferner diese Röthe ihre grösste Intensität in der Peripherie des Sehnervenkopfes zeigt, und von hier aus sich gegen das Sehnervencentrum zu mehr weniger abschwächt.

c) dass sie, je nach ihrer Intensität, durch Verdeckung nicht nur den Bindegewebsring, sondern überhaupt die Umgrenzung des Sehnerven undeutlich oder vollkommen unkenntlich macht, und zuletzt den Sehnerven selbst durch ihre ausgedehnte Ausbreitung im Augengrunde mehr weniger vollständig dem Anblicke entzieht, und

d) dass sie schliesslich sich stets als eine deutlich radiär gestreifte erweist.

---

[1] Siehe m. ophth. Handatlas **Fig.** 61, 62, 63, 64, 65, 67, 68. m. B. z. P. d. A. 1. Auflage, Taf. X, XI, XII, XL, XIV, XLII; 2 Auflage, Taf. XXII, XXIII, XXIV, XXV, XXVII, XXVIII.

Die Chorioideal- und Scleroticalröthungen im Sehnervenkopfe trennen und unterscheiden sich untereinander nicht in so bestimmter Weise, wie von der Netzhautröthung; doch können sie in der grösseren Zahl der Fälle bei einiger Intensität mit genügender Sicherheit als solche erkannt werden

Die bei Chorioideal-Reizung oder Entzündung auftretende Chorioideal-Röthung des Sehnerven [1] breitet sich zwischen der den Sehnerven durchsetzenden vorderen und hinteren Chorioidealfläche aus.

Sie lässt daher die im Sehnervenscheitel gelegenen Theile der Centralgefässe vollkommen intact und umgibt, verfärbt und verschleiert, dagegen die tiefer, im Chorioidealcanale, gelagerten Theile der Centralgefässe.

Sie breitet sich im Sehnervenstrange und im Bindegewebsringe aus, und macht Letzteren mehr oder weniger vollständig unkenntlich.

Es erscheint daher der ganze Sehnervenquerschnitt (ausgenommen bei den angebornen Sehnervenexcavationen) mehr weniger gleichmässig gefärbt, und da die Färbung desselben eine mehr kirschrothe, die des übrigen Augengrundes aber eine gelbrothe ist, so lässt sich — wie schwach oder intensiv auch die Färbungen sein mögen — doch stets durch den Unterschied derselben der Sehnervenquerschnitt als röthliche Scheibe vom übrigen Augengrunde deutlich unterscheiden.

Die Röthung ist endlich stets eine homogene, d. h. nie eine streifige oder fleckige, entsprechend den Lücken der Lamina cribrosa.

Die bei Reizung oder Entzündung im Scleroticalgefässgebiete auftretende Scleroticalröthe des Sehnerven [2] tritt in der tiefst-wahrnehmbaren Schichte des intraoculären Sehnerven, im Bereiche der Lamina cribrosa, und zwar in verschiedener Intensität auf.

Sie hat eine grosse Aehnlichkeit mit der physiologischen Röthe des Sehnerven bei angeborenem Staphyloma posticum, und unterscheidet sich von letzterer in diesen Fällen der Wesenheit nach nur durch ihre Intensität.

Sie lässt die in den oberflächlichen und mittleren Partien des Sehnervenkopfes gelegenen Theile der Centralgefässe vollkommen

---

[1] Siehe m. ophthalm. Handatlas Fig. 102, 105, 106, 108, 126; m. Beitr. z. P. d. A. 1. Auflage, Taf. XV, XVII, LXVII, LXXV; 2 Auflage, Taf. LV, LVIII, LIX, LXXI.

[2] S. m. ophthalm. Handatlas Fig. 127; m. B. z. P. d. A. 1. Auflage, Taf. LXXVI; 2. Auflage, Taf. LXXII.

intact, und umgibt, verfärbt und verschleiert dagegen die tiefstgelagerten, die im Scleroticalcanale befindlichen Theile der Centralgefässe — was vor Allem bei Lückenhaftigkeit der Lamina cribrosa
im Pylorus nervi optici deutlich zu erkennen ist.

Sie prägt sich nur im Bereiche des Sehnervenstranges aus, und
lässt den Bindegewebsring unverändert.

Es erscheint daher stets der röthliche Sehnervenstrang durch
den weisslichen Bindegewebsring von dem übrigen Augengrunde
mehr weniger deutlich, ja oft in hervorragender Weise getrennt.

Die Farbe der Röthung ist ebenfalls eine mehr kirschrothe,
und entweder eine diffuse, die sich gleichmässig oder ungleich im
Sehnerven vertheilt, oder auch eine zartstreifige oder mehr weniger
deutlich gefleckte, entsprechend den Faserzügen und Lücken der
Lamina cribrosa.

Diese Röthungen in den verschiedenen Ernährungsgebieten des
Sehnervenkopfes greifen wiederholt ineinander über oder verbinden
sich untereinander, wenn überhaupt Reizungen oder Entzündungen
gleichzeitig in den verschiedenen Ernährungsgebieten des hinteren
Augapfelabschnittes auftreten, und bilden sofort weitere Erscheinungsformen von Röthungen des Sehnervenkopfes.

Ausser diesen bisher erwähnten Röthungen im intraoculaeren
Sehnervenende ist noch eine andere Röthung besonders hervorzuheben:

die Cerebralröthung des Sehnerven.

Diese tritt bei Reizungen und Entzündungen, welche in verschiedenen dem Auge naheliegenden Ernährungsgebieten, besonders
im Gehirne sich entwickeln, in den tieferen (Sclerotical- und Cho-
rioideal-) Schichten des Sehnervenkopfes auf, verbreitet sich aber
auch häufig bis in den Sehnervenscheitel und bis in die Netzhaut.

In diesen Fällen erscheint — bei dem Mangel irgend einer
anderen auf eine Ernährungsstörung im Auge hindeutenden Erscheinung — das ganze intraoculaere Sehnervenende, jedoch stets überwiegend in seinen tieferen Theilen, u. z. im Sehnervenstrange, im
Bindegewebsringe wie in der Lamina cribrosa allseitig, gleichmässig,
schwach röthlich gefärbt; das intraoculaere Sehnervenende behält
jedoch seine volle Diaphanität und Erleuchtungsintensität bei, so
dass seine Structurverhältnisse so bestimmt wie im physiologischen
Auge zu unterscheiden sind, und ein eigenthümlicher, ein charakteristischer Gesammtausdruck resultirt.

Es scheint hier eben nur eine reine Imbibitionsröthe gegeben zu sein, im Gegensatze zur Reizungs- und Entzündungsröthe in den hinteren Ernährungsgebieten des Augapfels, welche der Ausdruck nicht nur einer Imbibitionsröthe, sondern auch einer Gefässröthe sind.

Diese Röthung tritt in vielen Fällen in so charakteristischer Weise auf, dass man bei einiger Uebung mit grosser Sicherheit auf das Vorhandensein von Reizungs- oder Entzündungserscheinungen im Gehirne hinzuweisen vermag.

Da man diese Röthung häufig bei Individuen antrifft, welche sich einer geistig anstrengenden Beschäftigung hingeben, so scheint durch eine solche Thätigkeit, ebenso wie in der Netzhaut durch eine functionelle Anstrengung des Auges, eine Reizung im Gehirne hervorgerufen zu werden, welche, dem Sehnerven entlang sich verbreitend, an dessen intraocularen Ende zur Ansicht gelangt.

Diese Sehnervenröthung entwickelt sich in verschiedenem Intensitätsgrade, und steigert sich endlich zur wirklichen Reizungs- und Entzündungsröthe, welche sich über den Sehnervenscheitel unterschiedlich weit in der Netzhaut verbreitet.

Wie man sonach oft zu beobachten die Gelegenheit hat, treten Reizungs- und Entzündungserscheinungen im Sehnerven und in der Netzhaut nicht nur bei entzündlichen Gehirnleiden in verschiedenem Grade und in verschiedener Ausdehnung auf, sondern man vermag auch anderseits aus der Art und Weise ihres Hervortretens, insbesondere aus ihrem peripherischen Vorschreiten und ihrer weiteren Zu- und Abnahme, in vielen Fällen mit grosser Bestimmtheit entzündliche Vorgänge im Centralnervenorgane zu erkennen und den weiteren Verlauf derselben zu verfolgen.

Ein näheres Eingehen auf diese Entfärbungen im Sehnerven, sowie auf andere im Sehnerven sowohl als auch in der Netzhaut sich entwickelnde pathologische Färbungen, wie z. B. die grünliche, bräunliche u. s. w. bei dem glaucomatösen Processe, bei der sogenannten Retinitis mit graugrünlicher Streifung, bei Nikotinvergiftung, Alkoholismus etc., insbesondere aber die Verwerthung dieser Färbungen für die Erkenntniss der verschiedenen Arten von Ernährungsstörungen, behalte ich mir für weitere Veröffentlichungen vor

Schlussbemerkung.

In den vorangehenden Blättern habe ich einen Theil meiner mittelst des Augenspiegels gemachten Beobachtungen mitgetheilt.

Aus denselben dürfte zur Genüge erhellen, welch hohen Werth die Augenspiegel-Untersuchung nicht nur für den Augenarzt, sondern auch für den Mediciner hat.

Beachtet man, dass das Auge bisher das einzige Organ des menschlichen Körpers ist, dessen innere Gebilde durch ein leicht anwendbares Hilfsmittel für die directe Beobachtung noch während des Lebens, dem schärfsten unserer Sinnesorgane in so ausgiebiger Weise erschlossen werden;

dass es vor Allem für den Mediciner von Interesse sein muss, und dass demselben aber auch in erster Linie die Gelegenheit gegeben ist, allgemeine Ernährungsstörungen, Veränderungen des Gefäss-Systemes, Veränderungen im Blute und Nervensysteme u. s. w. möglichst genau zu erforschen und weiterhin zu verfolgen;

dass aber Manche dieser Vorgänge und Veränderungen während des Lebens n u r i m A u g e d i r e c t z u b e o b a c h t e n s i n d, und andererseits so häufig die ersten wahrnehmbaren oder mindestens die zur Zeit allein nachweisbaren Erscheinungen derselben, wie z. B. bei Gehirnleiden, T u b e r k u l o s e, Morbus Brightii, Diabetes mellitus, Syphilis u. s. w. i m I n n e r e n d e s A u g e s h e r v o r-t r e t e n:

so dürfte es selbst nicht zu leugnen sein, dass bei richtiger Verwendung der Augenspiegel einen noch viel höheren Werth für den Mediciner haben muss und haben wird, als für den Occulisten.

Will man den Augenspiegel als diagnostisches Hilfsmittel für medicinische Fälle verwerthen, so ist es nothwendig, dass der Untersuchende eben so gut Mediciner wie Occulist sei.

In dieser Beziehung finde ich es sehr zu bedauern, dass heutzutage die ärztliche Wissenschaft durch die überwuchernde Cultur von Specialfächern so vielseitig zersplittert wird; dass das Streben nach einer allgemeinen ärztlichen Bildung und sofort ein stetiges, gleichmässiges Vorschreiten in allen einzelnen Fächern vielseitig keinen Anklang findet.

Insbesondere ist es zu beklagen, dass die Mediciner dermalen häufig keine Occulisten, und die Occulisten so wenig Mediciner sind, ja dass die Occulisten wiederholt, selbst ostensibel ein Wirken als Mediciner von sich weisen, und daher auch so häufig bei Augenleiden, welche der Ausdruck eines allgemeinen krankhaften Vorganges sind, sich der Wesenheit nach nur auf die Anwendung localer Mittel beschränken, oder die Behandlung solcher Kranker dem Mediciner überlassen.

Die Verwerthung des Augenspiegels für allgemein medicinische Zwecke verlangt ferner unbedingt eine längere Uebung und auch einige Befähigung.

Nicht Jeder, welcher einen oder mehrere ophthalmoskopische Curse frequentirte, hat sich hiedurch schon eine genügende Fertigkeit erworben; selbst der Befähigte wird jahrelanger Uebung bedürfen, um mit einiger Sicherheit eine genauere Diagnose stellen zu können.

Hierin liegt aber kein Grund, dass man die Verwerthung des Augenspiegels zu diesem Zwecke ablehnen sollte, oder dass seine Verwendung für diesen Zweck sich nicht allgemein verbreiten könnte.

Der Augenspiegel steht in dieser Beziehung in gleicher Linie mit manchen anderen diagnostischen Hilfsmitteln, z. B. mit dem Stethoskope, oder überhaupt mit so vielen Fertigkeiten und Erfahrungen, die der Arzt, um seiner Stellung möglichst zu genügen, sich erwerben muss.

Man sei in dieser Beziehung gegen den Augenspiegel nicht ungerecht. Wie Viele gibt es z. B., welche mit Hilfe des Stethoskopes und Plessimeters, trotz deren allgemeiner Verbreitung, mit voller Sicherheit eine genaue Diagnose stellen können? Welche Uebung, Ausdauer, Erfahrung und Befähigung gehört hiezu?

Der erste Schritt zur erfolgreichen Verwendung des Augenspiegels für den angegebenen Zweck ist die Benützung der Helmholtz'schen Plangläser.

Das Sehenlernen mit diesem lichtschwachen Spiegel ist an und für sich nicht schwieriger, als mittelst des lichtstarken Spiegels bei umgekehrtem Bilde. Wer jedoch durch längere Zeit sich an das umgekehrte Bild und den lichtstarken Spiegel gewöhnt hat, findet nur selten die Ausdauer, um sich eine genügende Uebung in Verwerthung des aufrechten lichtschwachen Bildes zu erwerben.

Bei der heutzutage beinahe allerorts üblichen Benützung des umgekehrten Bildes dürfte daher die Verwerthung des Augenspiegels als medicinisch-diagnostisches Hilfsmittel noch mancherlei Widerstände zu überwinden haben, bis sie allgemeine Geltung erlangt, und eher unter den sich erst heranbildenden Medicinern Anklang finden, als unter den derzeit den Augenspiegel verwendenden Oeculisten.

Unter diesen Widerständen, welche überhaupt jede neue Ansicht oder Thatsache, jedes neue Instrument oder dessen ungewohnte Verwendungsart bis zu ihrer endlichen Anerkennung zu bekämpfen hat, sind neben der vielseitigen Unlust, das bisher lieb und werth Gehaltene aufzugeben und mit grosser Mühe sich erst etwas Neues anzueignen, vor Allem die nicht genügend eingehende Würdigung des Neuen, sowie die aus einem zu raschen Urtheile hervorgehende falsche Verwerthung des Neuen hervorzuheben.

Man steht so häufig dem Neuen mit Kälte und Misstrauen gegenüber, man glaubt in demselben manches Uebertriebene oder künstlich Gemachte zu sehen, ja man erklärt es geradezu für eine Charlatanerie.

Andererseits geht man wohl in eine genauere Würdigung des Neuen ein, gelangt aber zu rasch zu einem bestimmten Urtheile, um nicht häufig ungerecht gegen sich und Andere zu sein.

Man ist ungerecht gegen die eigenen Kräfte und Fähigkeiten, weil man diesen zumuthet, das in kurzer Zeit zu bewältigen, was Andere nicht minder Begabte erst nach jahre-, selbst jahrzehntelanger Uebung sich angeeignet haben.

Man ist aber auch ungerecht gegen Andere, da man bei ungenügender eigener Kenntniss und Uebung nur zu leicht den thatsächlichen Erfolgen Anderer die gebührende Würdigung und Anerkennung versagt.

So viel kann ich jedenfalls mit Sicherheit aussprechen, dass jeder nur einigermassen hiezu Befähigte schon nach kürzerer Zeit so viele Anhaltspunkte wird gewinnen können, dass er aus denselben den hohen Werth der Verwendung des Augenspiegels als medicinisch-diagnostisches Hilfsmittel wird erkennen müssen.

Ich glaube aber auch durch die kommende Zeit nicht widerlegt zu werden, wenn ich behaupte, dass der Augenspiegel in der Hand des Mediciners wichtigere und wohlthätigere Erfolge aufzuweisen haben wird, als in der Hand des Occulisten, und dass er in der Zukunft mindestens ein ebenso häufig angewendetes und geschätztes diagnostisches Hilfsmittel für den Mediciner abgeben wird, wie das Stethoskop und der Plessimeter.